AUTOMATIZACIÓN FUNDAMENTADA I

INTRODUCCIÓN

AUTOMATIZACIÓN FUNDAMENTADA I

INTRODUCCIÓN

CARLOS CASTAÑO VIDRIALES

AUTOMATIZACIÓN FUNDAMENTADA I .- Introducción

Autor: *CARLOS CASTAÑO VIDRIALES*

© 2014 por Carlos Castaño Vidriales. Reservados todos los derechos

Primera edición: 2014

Nº Registro Propiedad Intelectual: M-002988/2014

ISBN : 978-84-617-0159-9

Nº de depósito legal:M-15721-2014

Correo electrónico (email): automatizacionfundamentada@gmail.com

Edición, portada y maquetación: Carlos Castaño Vidriales

INDICE

LÓGICA INDUSTRIAL

PROLOGO

El contenido de este trabajo se desarrolla aplicando la idea expuesta en la siguiente figura:

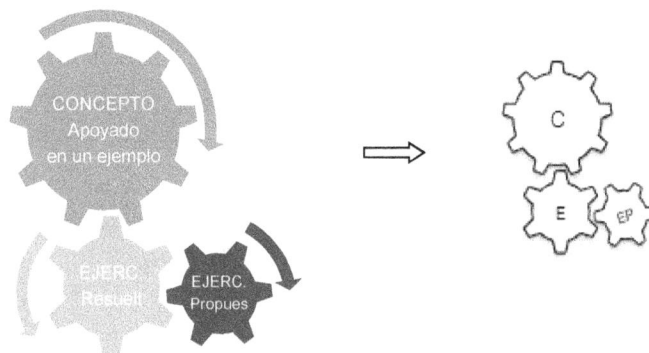

Tras varios años impartiendo docencia en el ámbito de la Formación Profesional a nivel de ciclos formativos de Grado Superior en Fabricación Mecánica y constatando que la enseñanza para la iniciación de técnicos en el ámbito de la automatización con frecuencia esta huérfana de una base fundamentada y coherente para el aprendizaje de la misma de forma que tras la descriptiva de elementos en la técnica correspondiente (Neumática, hidráulica, electricidad, PLC…) sin apenas fundamento lógico, se introduce a los alumnos en el diseño y realización de circuitos automáticos de manera "intuitiva", requiriendo de los mismos una cierta capacidad-facilidad para asumir esos conocimientos que, salvo excepciones , muchos de ellos no poseen por lo que la realización autónoma por su parte de otros supuestos resulta algo incierta, confusa y/o difícil.

El objetivo de esta publicación es conseguir que la elaboración e Interpretación de esquemas de automatismos eléctricos, neumáticos, hidráulicos, PLC … se realice a través de un análisis, síntesis , simplificación e implementación de expresiones lógicas que rigen esos sistemas automáticos, basándose en el álgebra de Boole

Para facilitar este proceso de enseñanza-aprendizaje la forma más congruente de afrontarlo es que la transmisión-adquisición de estos conocimientos se base en una estrategia estructurada en torno a la citada álgebra de Boole, que fundamente el conocimiento de los denominados operadores lógicos   (Puertas lógicas, válvulas lógicas…) de forma unitaria, que mediante las llamadas funciones (Ecuaciones) lógicas permita la implementación de un sistema automático más o menos complejo basado en la matemática de la lógica para que pueda ser realizado en cualquier técnica bien sea eléctrica, neumática, … .

Se consigue de esta forma que la ulterior relación de conocimientos así alcanzados proporcione una estrategia más versátil y amplia para afrontar el diseño de automatismos más complejos permitiendo además la estructuración e interpretación de esquemas de una forma más sólida que de otra manera (Vía intuitiva) es difícil conseguir.

El contenido del presente trabajo se centra por tanto en el ámbito de lo que podemos denominar "Lógica Industrial" , obviando la descriptiva y características de elementos e instalaciones (Válvulas, interruptores, cilindros, relés…) desde un punto de vista físico que muchas publicaciones y manuales técnicos abordan.

Como ilustra la figura, el desarrollo de cada contenido se afronta tras una explicación del mismo a través de un ejemplo para facilitar su comprensión, seguidamente se plantea y resuelve un ejercicio de aplicación del mismo y se propone otro ejercicio para que sea resuelto por el lector; de esta forma se consigue una cierta consolidación del conocimiento a adquirir.

La situación de dichos ejercicios se señala mediante los siguientes grafismos:

Comienzo y final de ejercicio resuelto

Comienzo y final de ejercicio propuesto

Abordar el estudio de los contenidos aquí tratados no tiene porqué realizarse de forma lineal, aunque si es aconsejable para tener una solidez global de su conocimiento. No obstante se señalan seguidamente una serie de items fundamentales tales como:

. *Niveles lógicos*

. *Fundamentos de sistemas combinacionales*

. *Sistema binario*

. *Código Gray*

. *Expresiones Booleanas*

. *Propiedades del álgebra de Boole (Las de uso frecuente)*

. *Análisis, síntesis e implementación de expresiones lógicas*

. *Simplificación de ecuaciones lógicas (Karnaugh)*

Este trabajo se completará en el futuro con otros dos documentos titulados:

AUTOMATIZACIÓN FUNDAMENTADA II. *Estrategias complementarias*

Cuyo contenido abordará aspectos tales como el biestable RS, métodos de eliminación de señales permanentes en neumohidráulica (R. escamoteables, temporización, memoria NC, cascada, paso paso…) , iniciación al Grafcet, adaptación gráfica para el análisis de sistemas a automatizar , una adptación-introducción al método binodal …… .
También se incluirán las soluciones de los ejercicios propuestos en Automatización Fundamentada I. Introducción.

AUTOMATIZACIÓN FUNDAMENTADA III. *Automatización de sistemas. Proyectos*

En cuyo desarrollo se utilizarán contenidos de las los partes anteriores (A.F. I y II) para la realización de proyectos tanto de sistemas mediante lógica cableada-entubada como de sistemas con lógica programada (PLC)

Madrid, Mayo 2014

Carlos Castaño Vidriales

LÓGICA INDUSTRIAL

I.1.- FUNDAMENTOS DE LA LÓGICA BINARIA

Entendemos por la palabra *"Lógica"* aquella parte del razonamiento humano que concluye si una proposición concreta, es cierta/falsa si se cumplen o no determinadas condiciones.

Muchas situaciones/procesos industriales pueden ser expresados como funciones lógicas

La "lógica Industrial" se basa en el álgebra de Boole, matemático británico que la desarrollo sobre 1850.

La tecnología digital es de aplicación en muchas áreas de actividad y por supuesto entre ellas está el "control de procesos industriales". La electrónica digital utiliza magnitudes con valores discretos (Señales digitales) en tanto que la electrónica analógica utiliza magnitudes con valores analógicos (Señales analógicas) que son discretizadas para su manejo

I.1.1.- Magnitudes analógicas y digitales

Las magnitudes analógicas son aquellas que pueden tomar infinitos (continuos) valores en el tiempo dentro de un rango determinado

P. e.: Diferentes valores de "tensión" entre 0 y 5 V, o como ocurre en la mayor parte de las cosas medibles de la naturaleza, P. e.: Temperatura (10 – 40 ºC) en una determinada localidad a lo largo del día, así en el rango indicado, la magnitud "temperatura" varía pudiendo tomar algunos de los infinitos valores posibles dentro del mismo

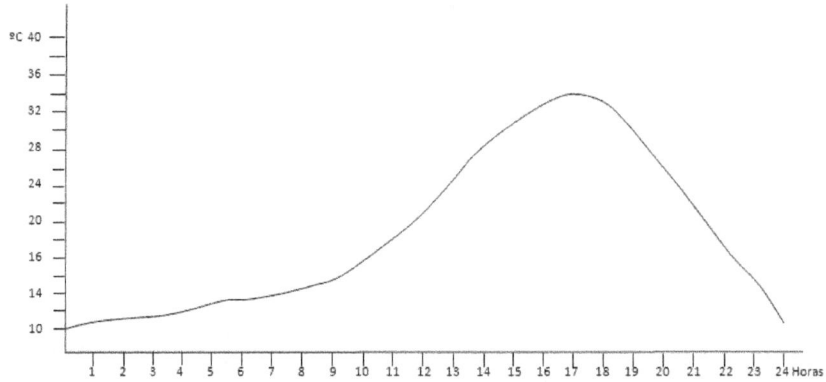

Si discretizamos a lo largo del día (24 horas) la toma de valores de esa medida, por ejemplo registrando su valor cada dos horas se podría convertir esa magnitud analógica (continua) en una digital (Multivaluada) que puede ser procesada más fácilmente

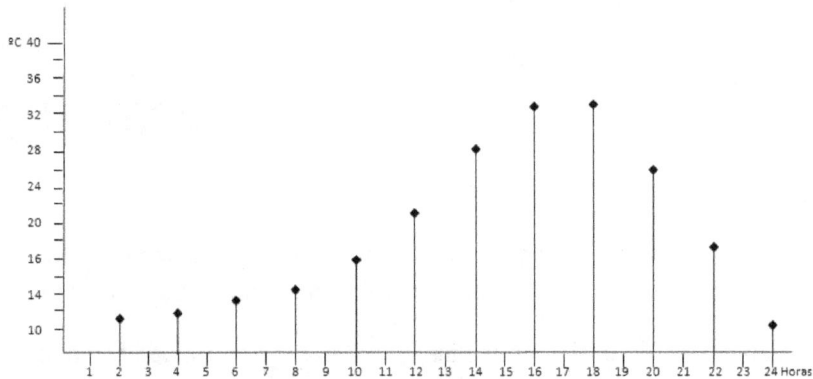

Un ejemplo de sistema electrónico analógico puede ser el de un altavoz para amplificar el sonido, en el que las ondas sonoras de naturaleza analógica, son capturadas por un micrófono que las convierte en otra señal analógica de tensión eléctrica (Señal de audio) que varía de forma continua según la evolución del volumen de las ondas sonoras originarias. Esta señal, es procesada en un amplificador, cuya salida (también eléctrica), es aumentada e introducida en un altavoz que la reconvierte de nuevo en ondas sonoras a mayor volumen

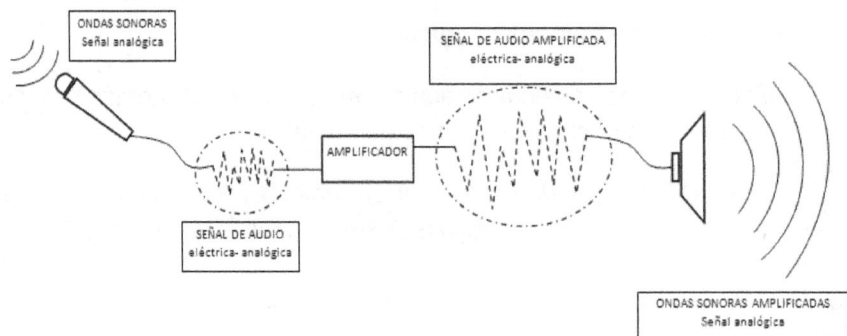

I.1.2.- Dígitos binarios. Niveles lógicos

En los sistemas/circuitos digitales únicamente hay dos posibles estados, denominados niveles energéticos superior, alto o uno (Higt) e inferior, bajo o cero (Low), que serán de "tensión" , p. ej. 0/5 V o "intensidad" en tecnología eléctrico-electrónica y en otras tecnologías como la neumática sería la magnitud "presión", p. ej. 0/2 bares. A este convencionalismo de valores se le denomina "Lógica positiva", pero a su inverso, de menor uso, se le denomina "Lógica negativa", en la que el 1 es asignado al valor energético inferior y 0 al valor energético superior

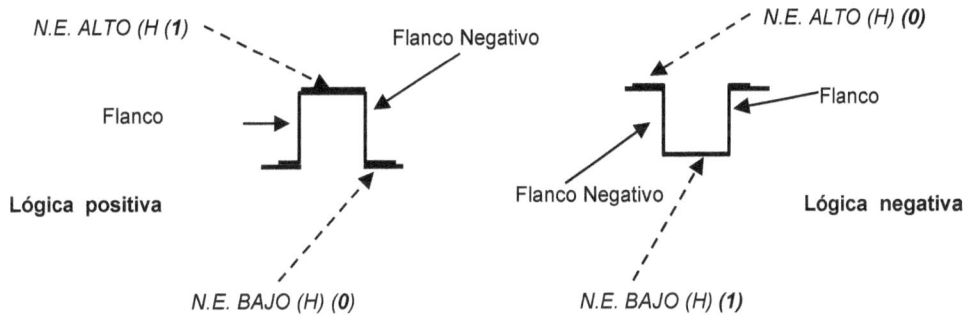

Las diferentes combinaciones de esos estados (Lógica combinacional) se llaman dígitos, cuyo sistema de numeración está compuesto de dos valores (0/1) y se le denomina código binario. A esta menor partícula de información (0 ó 1) de un sistema, se le da el nombre de bit (binary digit = dígito binario), mediante las cuales es posible representar información (Números, símbolos, valores...), por tanto:

Un sistema binario es aquel que tiene dos estados (Valores 0/1), cuyo sistema de numeración tiene base dos (2^n). También podemos decir que un bit es la menor partícula de información (0, 1) de un sistema

Al cambio de una señal digital desde un nivel energético (estado) inferior o cero a otro superior, uno, se le denomina flanco (Impulso) positivo, y por el contrario, cuando lo hace desde el nivel energético superior (1) al inferior (0) de le denomina flanco (Impulso) negativo

En realidad existen, en la tecnología electrónica, bandas de nivel energético superior/no aceptable/inferior comprendidas entre unos valores máximo y mínimo, de manera que no exista solapamiento entre los niveles alto y bajo aceptados, para que no se produzca un funcionamiento incorrecto del sistema, según sea una señal de entrada o de salida

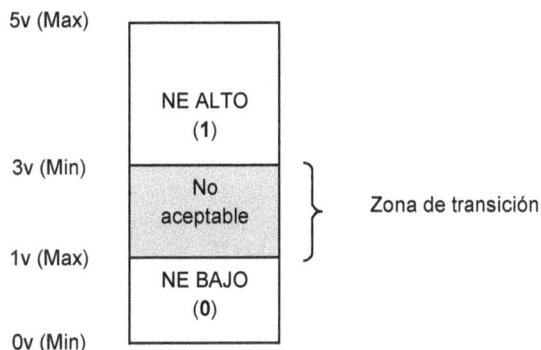

Los elementos binarios de los circuitos, como los transistores se comportan como interruptores (Transistor conduciendo = Interruptor cerrado, Transistor en corte =Interruptor abierto). Así en los circuitos gobernados por tensión hay dos niveles energéticos diferenciados, que materializan el estado/valor energético superior 1 ó el estado/valor energético inferior 0.

En el sistema digital de la figura, el valor nominal 5 voltios define el nivel energético superior/1 y el valor nominal 0 voltios define el nivel energético inferior/0, teniendo ambos las respectivas zonas de desviación o tolerancia, de forma que por la zona intermedia entre ambas se transita durante el cambio 0/1 (Flanco de la señal) y viceversa

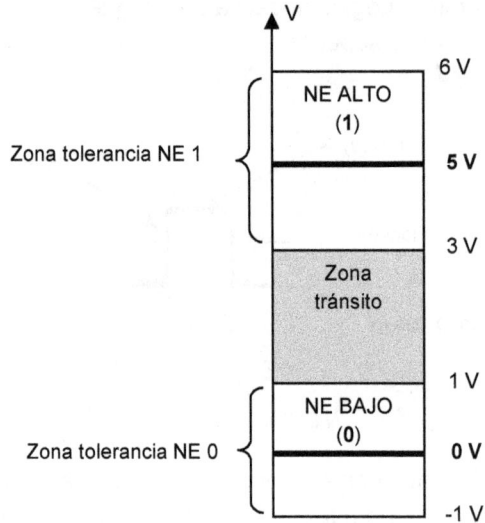

Además el cambio de nivel energético (flanco), no se produce instantáneamente, existe un tiempo pequeñísimo de cambio (Subida/bajada), lo que origina retardos en la trasmisión de señales en los sistemas

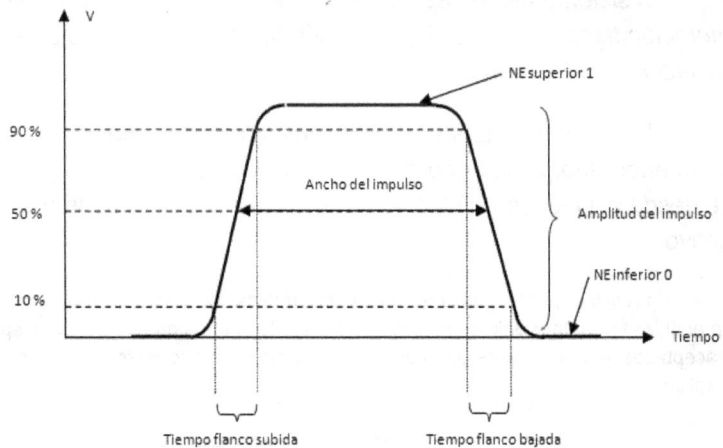

I.1.3.- Características de las señales

Una serie de señales, recibe el nombre de "tren de pulsos", de manera que si se repite a intervalos de tiempo constante, llamado periodo (T); tiene el nombre de onda periódica o cuadrada y la rapidez (velocidad), expresada en hertzios (Hz) con que se repite, se llama frecuencia (f).

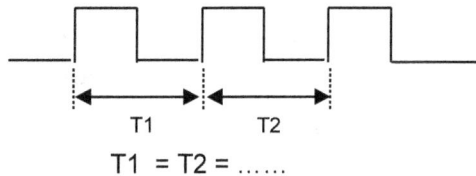

$$T1 = T2 = \ldots\ldots$$

f = 1/T (Número de señales por segundo, Hz)   T = 1/f (Tiempo)

El tren de impulsos también podría ser de esta forma

Por tanto, podemos concluir diciendo que:

Periodo (T). Es el tiempo necesario para que una señal periódica se repita

Frecuencia (f). Es el numero de impulsos por segundo en una onda, cuya unidad es el hertzio (Nº de señales/segundo), siendo además el inverso del periodo

Un tren de impulsos no periódico es aquel que no se repite a intervalos de tiempo regulares pudiendo estar compuesto por impulsos de distintos anchos con intervalos de tiempo distintos

I.1.4.- Cronogramas

Representan las variación de las señales (Valor energético superior/inferior) en el tiempo y cuyo ritmo está gobernado por una señal de temporización del sistema llamada "reloj", que es una señal periódica en la que cada intervalo entre flancos (impulsos) o periodo marca el ritmo de cambio de las señales del sistema

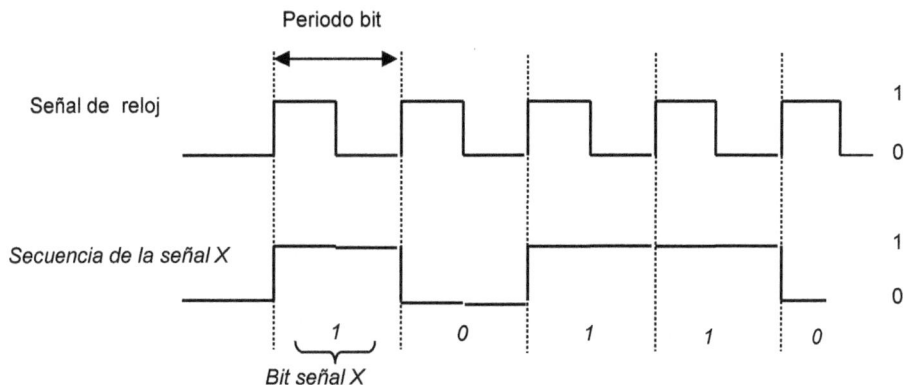

I.1.5.- Trasferencia de datos

La trasferencia de datos (Conjunto de bits que conforman una información) en el interior de un sistema o de un sistema a otro se realiza en serie o en paralelo.

En la trasmisión de datos en serie los bits son enviados uno a uno a través de un único conductor

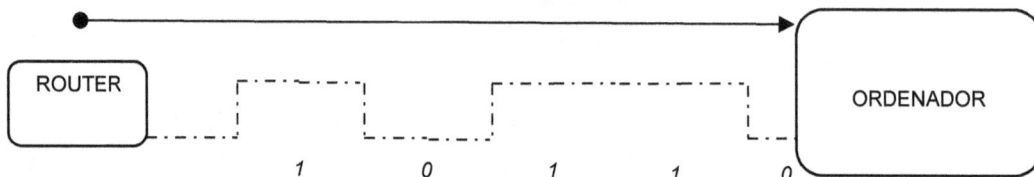

Si la trasmisión de los bits se hace en grupos (p. e. de ocho) al mismo tiempo por conductores separados (*) se denomina "transmisión en paralelo"

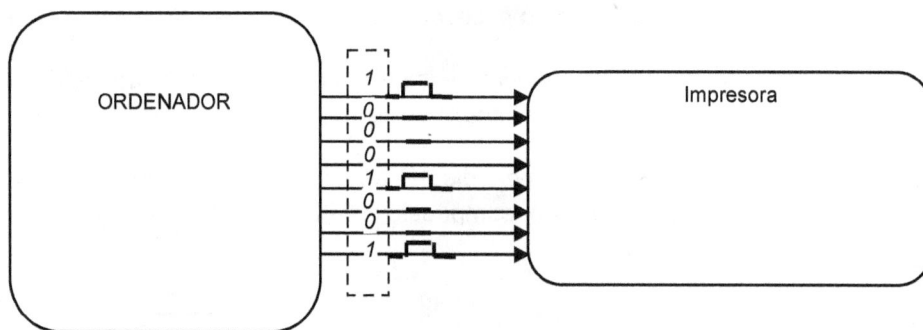

Así en los ejemplos representados de las figuras, para trasmitir en serie 8 bits se necesitaran ocho intervalos de tiempo para hacerlo mediante un único conductor, en cambio, en la trasmisión en paralelo se precisa un único intervalo de tiempo pero son necesarios ocho conductores.

(*) Líneas (conductores) paralelos denominados "buses"

I.2.- LÓGICA COMBINACIONAL

Varias funciones (Digitales de naturaleza electrónica, neumática…) pueden funcionar agrupadamente para realizar un trabajo específico, formando un sistema mas complejo/completo y dado que en las actividades de mantenimiento, es necesario pensar en términos de funcionamiento global, esto es, a nivel de sistema, es preciso conocer la funcionalidad de los elementos básicos que lo componen.

I.2.1.- Fundamentos de los sistemas combinacionales

Hay una serie de circuitos lógicos elementales con los que se construyen sistemas complejos que son conocidos con el nombre de operaciones (puertas) lógicas básicas y que son O (OR), Y (AND) y NO (NOT o inversor)

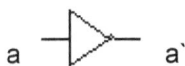 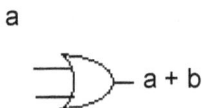 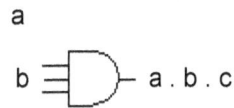

| *NO* | *O* | *Y* |

NO (NOT o inversor), a →a`   O (OR), S = a + b   Y (AND), S = a. b . c

En lógica positiva, estos operadores básicos proporcionan un nivel energético superior (1) si son verdaderas e inferior (0) en el caso de ser falsas, si se cumplen o no las condiciones que las rigen.

La puerta lógica O (OR) proporciona un nivel energético superior o alto (1) en su salida cuando al menos una de sus entradas está en nivel superior

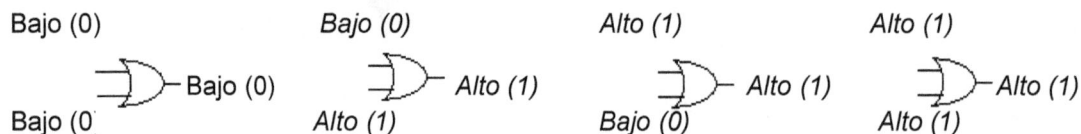

Bajo (0)   Bajo (0)   Alto (1)   Alto (1)

        — Bajo (0)   Alto (1)   Alto (1)   Alto (1)

Bajo (0   Alto (1)   Bajo (0)   Alto (1)

La puerta lógica AND, proporciona un nivel energético superior en su salida, cuando todas sus entradas están a nivel superior

Bajo (0)   Bajo (0)   Alto (1)   Alto (1)

     Bajo (0)   Bajo (0)   Bajo (0)   Alto (1)

Bajo (0)   Alto (1)   Bajo (0)   Alto (1)

La puerta lógica NOT (Inversor), cambia o invierte en la salida el nivel energético de su entrada

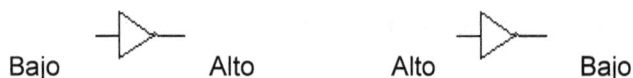

Bajo   Alto   Alto   Bajo

Estas puertas lógicas y su equivalencia en otras tecnologías (eléctrica, neumática, contactos PLC..) para su aplicación en lógica industrial son estudiadas en el apartado 1.2.4.2 Operadores lógicos básicos. Puertas lógicas

I.2.2.- Circuitos integrados

Las puertas lógicas indicadas y otras mas complejas están insertadas (Encapsuladas) en los denominados circuitos integrados (Chip de silicio), dispositivos en los que sus componentes están insertados

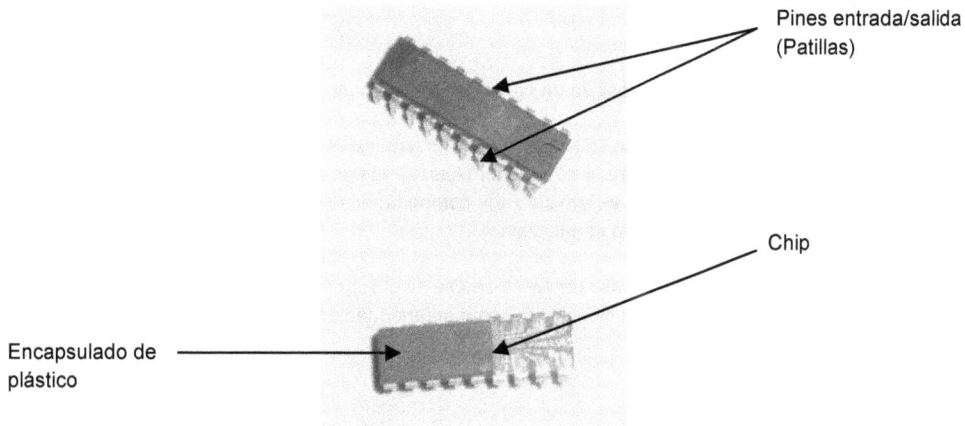

Encapsulado DIP (Dual in-line package)

Sus pines (patillas) de conexionado se localizan/numeran mediante el identificador del pin 1 (Pequeño punto) que está junto a él, también, colocando el CI de manera que su muesca esté arriba, el pin 1 será el que está arriba a la izquierda, continuando la numeración hacia abajo y prosiguiendo en el otro lateral de pines hacia arriba .

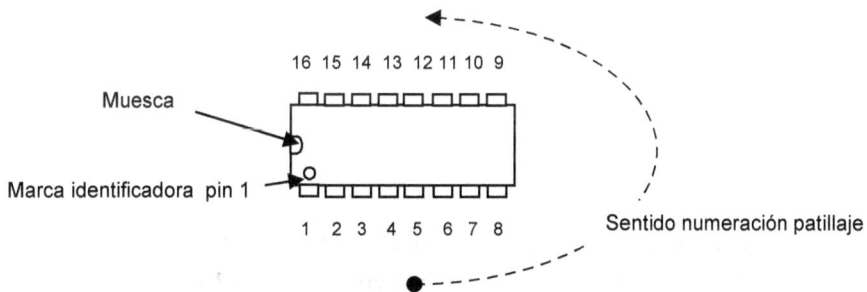

Encapsulado Dip de 16 pines

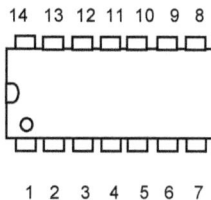

Encapsulado Dip de 14 pines

La tecnología más empleada en los circuitos integrados, según el tipo de transistores que utilizan, es la TTL (Transistor-Transistor Logic = Lógica transistor-transistor)

El dispositivo de conmutación que configuran los circuitos integrados es el transistor.

Un transistor (npn) tiene tres terminales (Colector, base y emisor). Cuando la tensión en la base, está en nivel superior (Alto, 1), el transistor conmuta, estableciendo la comunicación colector (c) ⟶ emisor (e), comportándose al efecto como un interruptor cerrado, estableciéndose la conducción.

En el caso de no darse ese nivel superior de tensión en la base, el transistor no establece la comunicación descrita anteriormente y se comporta como un interruptor abierto

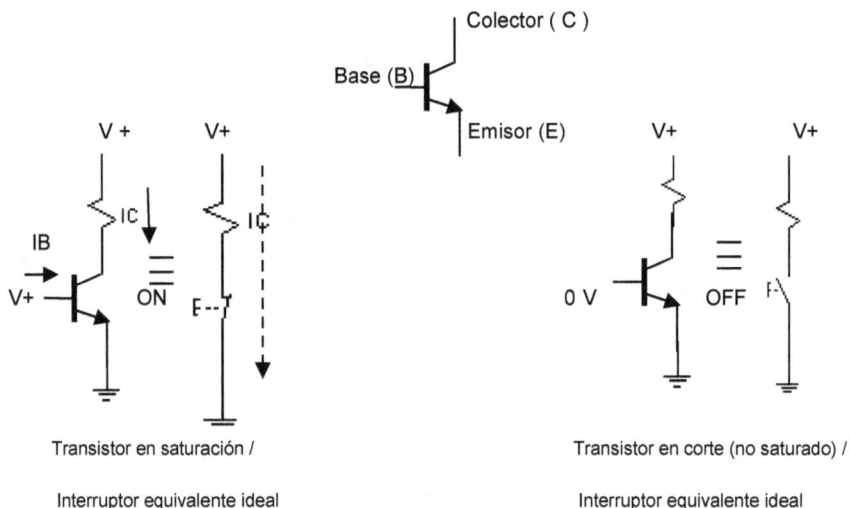

Colector (C)

Base (B)

Emisor (E)

Transistor en saturación /

Interruptor equivalente ideal

Transistor en corte (no saturado) /

Interruptor equivalente ideal

La tensión nominal de alimentación en corriente continua (DC) para elementos de tecnología TTL es de +5V. Esta tensión de alimentación (+5V) se conecta al pin V_{CC} (Patilla 14, en un encapsulado de 14 pines) del circuito integrado y la masa (-) se conecta al pin GND (Patilla 7, para un encapsulado como el de la figura) Colocándose en la esquina superior izquierda el (+) y en la esquina inferior derecha el (-), situando el ci con su marca identificativa (muesca) a la izquierda

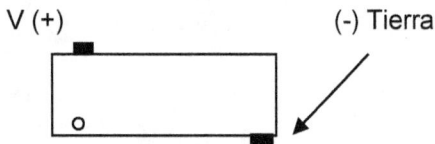

V (+)   (-) Tierra

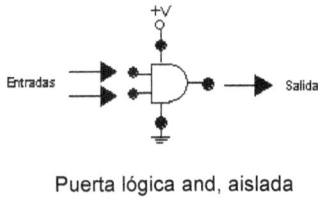

Puerta lógica and, aislada

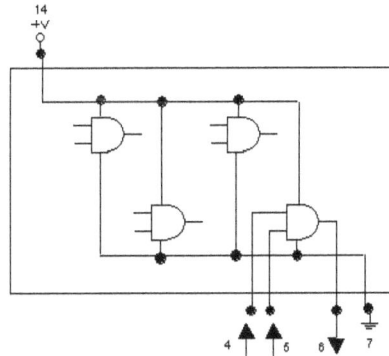

Conexionado interno de un circuito integrado con cuatro puertas and

(Solo se representan los pines de + / - y de la 2ª puerta)

En la propagación de señales a través de las puertas lógicas, existe un pequeño retardo (Normalmente del orden de nanosegundos, ns) en la conmutación de la salida tras la activación de las señales de entrada. Este parámetro es el intervalo de tiempo que hay desde que se aplica la señal de entrada hasta que aparece la señal de salida

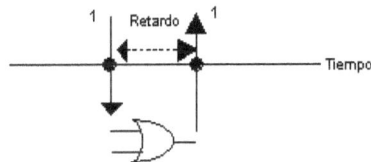

Este retardo de propagación, condiciona la frecuencia máxima a la que puede conmutar la puerta lógica (A mayor retardo de propagación , menor frecuencia máxima). Limita por tanto la velocidad de conmutación a la que una puerta lógica puede funcionar.

Estos elementos, tienen las denominadas "Hojas de características", que suministran información de los parámetros de funcionamiento de las mismas y que los fabricantes de estos elementos proporcionan

I.2.3.- Sistemas de numeración

El sistema de numeración decimal tiene una estructura de pesos, en la cual, cada uno de sus 10 símbolos o dígitos del 0 al 9 representa una cantidad, pero además, la posición de cada uno de ellos en el número que se representa, implica su valor en base a potencias de 10, esto es varían de 10 en 10, lo que se conoce como peso, de manera que el número decimal a representar, es la suma de los dígitos afectados del peso correspondiente

Unidad , $10^0 = 1$ Decena , $10^1 = 10$ Centena , $10^2 = 100$ Millar , $10^3 = 1000$

$$\times 10^3 \quad\quad \times 10^2 \quad\quad \times 10^1 \quad\quad \times 10^0$$

$$7.347 = 7 \times 10^3 + 3 \times 10^2 + 4 \times 10^1 + 7 \times 10^0 =$$

$$7 \times 1000 + 3 \times 100 + 4 \times 10 + 7 \times 1 =$$

$$7.000 + 300 + 40 + 7 = 7.347$$

$$
\begin{array}{r}
7.000 \\
300 \\
+ \quad 40 \\
7 \\
\hline
7.347
\end{array}
$$

El bit que está más a la derecha, es el menos significativo = Menor peso y es denominado LSB (Least Signicant Bit), cuyo peso es 10^0, esto es, la unidad. El bit que está más a la izquierda es el mas significativo = Mayor peso y se le denomina MSB (Most Significant Bit), en el caso representado, peso $10^3 = 1000$

I.2.3.1.- Sistema binario

En el sistema binario, los dígitos a considerar son dos, 0 y 1, denominados bits, con los cuales y con una estructura de pesos basada en potencias de 2 ($2^0=1$, $2^1=2$, $2^2=4$, $2^3=8$.....) , mediante el cual, también se pueden representar números de manera que con "n" bits, el máximo número decimal (valor) que se puede representar es 2^n-1 (La cantidad de números a representar es 2^n).,   p. ej: Con 3 bits se pueden obtener 8 (2^3) números y el máximo número decimal a representar es el 7 ($2^3 - 1$)

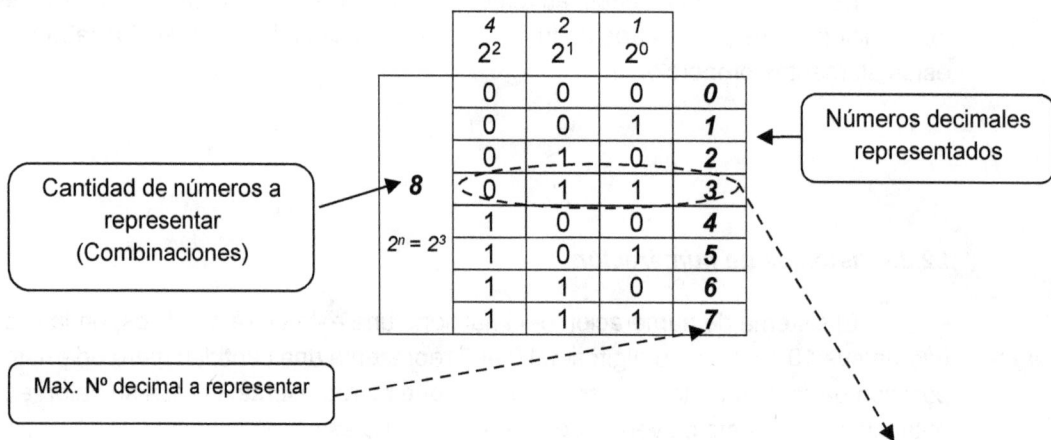

4 2^2	2 2^1	1 2^0	
0	0	0	0
0	0	1	1
0	1	0	2
0	1	1	3
1	0	0	4
1	0	1	5
1	1	0	6
1	1	1	7

Números decimales representados

Cantidad de números a representar (Combinaciones)

8   $2^n = 2^3$

Max. Nº decimal a representar

$$0 \times 2^2 + 1 \times 2^1 + 1 \times 2^0 = 0 \times 4 + 1 \times 2 + 1 \times 1 = 0 + 2 + 1 = 3$$

Por tanto, para convertir un número binario a decimal por la suma de sus pesos, se procede como se ha indicado más arriba (0 1 1 = 3)

Ejercicio: Convertir a decimal (Por la suma de pesos) el número binario 101101_2

$$(........\ 2^5,\quad 2^4,\quad 2^3,\quad 2^2,\quad 2^1,\quad 2^0\ )$$

Tabla de pesos

$$(......\ 32\quad 16\quad 8\quad 4\quad 2\quad 1\ )$$

$$1\quad 0\quad 1\quad 1\quad 0\quad 1$$

$$1x2^5\ +\ 0x2^4\ +\ 1x2^3\ +\ 1x\,2^2\ +\ 0x2^1\ +\ 1x2^0$$

$$1x32\ +\ 0\ +\ 1x8\ +\ 1x4\ +\ 0\ +\ 1x1$$

$$32\ +\ 8\ +\ 4\ +\ 1\ =\ 45_{10}$$

Ejercicio propuesto: Convertir a decimal (Por la suma de pesos) el número binario 11011_2

Para convertir un número decimal a binario puede utilizarse el método de la división sucesiva por 2, en el que partiendo del número en cuestión, dividiendo por dos cada cociente obtenido hasta que el mismo sea 0. El número binario se conforma con los restos (0 ó 1) de las sucesivas divisiones realizadas

$$8_{10} \rightarrow \text{Binario}$$

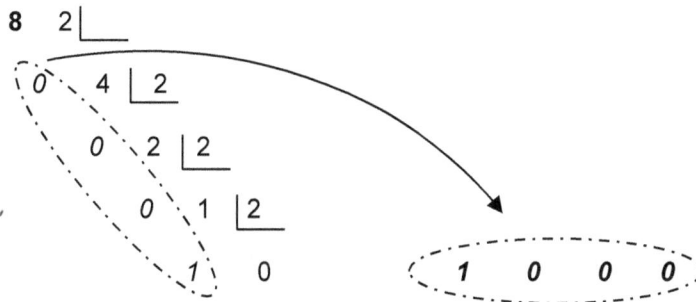

8 2|___
0 4 |2
0 2 |2
0 1 |2
1 0

(1 0 0 0)

Esta operatoria se puede representar también de la siguiente forma:

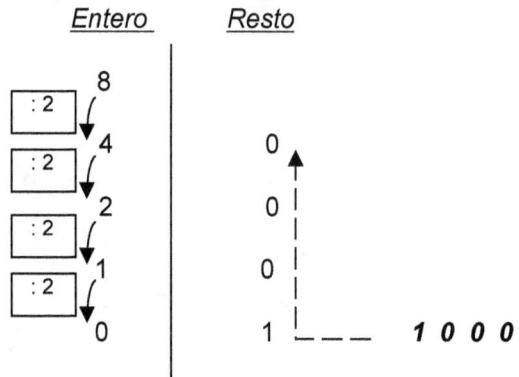

$$\underline{Entero} \qquad \underline{Resto}$$

Entero	Resto
: 2 ↘ 8	
: 2 ↘ 4	0
: 2 ↘ 2	0
: 2 ↘ 1	0
0	1 **1 0 0 0**

Ejercicio: Convertir el número decimal 41_{10} a binario (Por división sucesiva)

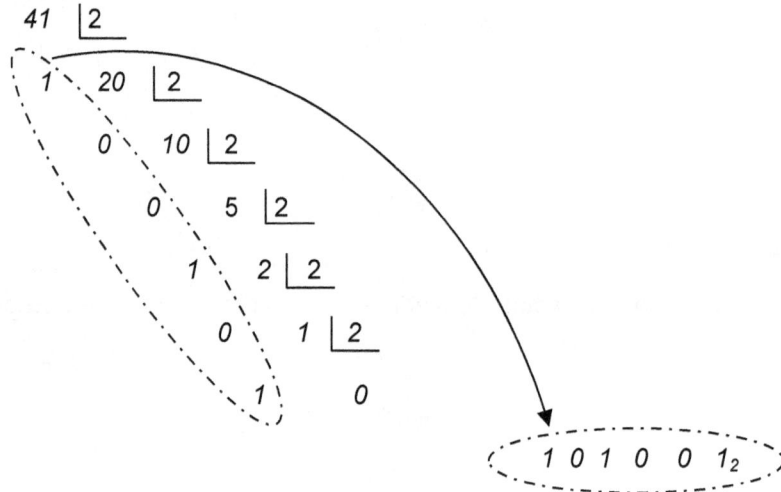

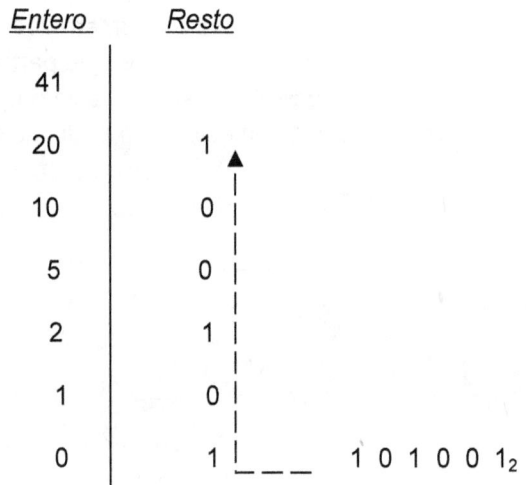

```
  41 |2
  1    20 |2
   0    10 |2
    0     5 |2
     1    2 |2
      0   1 |2
       1    0
```

$$1\ 0\ 1\ 0\ 0\ 1_2$$

$$\underline{Entero} \qquad \underline{Resto}$$

Entero	Resto
41	
20	1
10	0
5	0
2	1
1	0
0	1 $1\ 0\ 1\ 0\ 0\ 1_2$

Ejercicio propuesto: Convertir a binario el numero decimal 138_{10}

Otra forma de obtener el número binario partiendo de su representación decimal es mediante operativa con la tabla de pesos, determinando el grupo de pesos binarios oportuno, teniendo presente la tabla de pesos en el establecimiento de los 1s y los 0s en las posiciones que les correspondan

$$1, \quad 2, \quad 4, \quad 8, \quad 16, \quad 32, \quad 64, \quad \ldots\ldots\ldots$$

$$2^0, \quad 2^1, \quad 2^2, \quad 2^3, \quad 2^4, \quad 2^5, \quad 2^6 \quad \ldots\ldots\ldots$$

$$6 = 4 \; + \; 2 \; = \; 2^2 \; + \; 2^1 \; + \; (\text{-})$$
$$\qquad\qquad\quad 1 \qquad 1 \qquad 0$$

$$17 = 16 \; + \; 1 \; = \quad 2^4 \; + \; (\text{-}) \; + \; (\text{-}) \; + \; (\text{-}) \; + \; 2^0$$
$$\qquad\qquad\qquad\quad 1 \qquad 0 \qquad 0 \qquad 0 \qquad 1$$

Comprobación

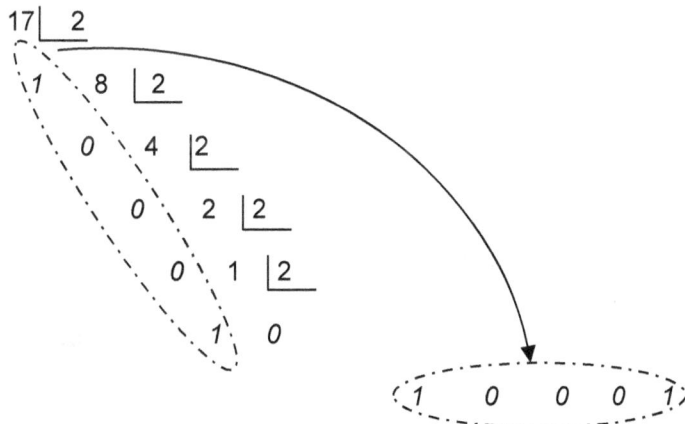

Ejercicio: Convertir a binario (Por la operatoria de la tabla de pesos) el número

decimal 78_{10}

$$78 = 64 + 8 + 4 + 2 = 2^6 + 2^3 + 2^2 + 2^1 = 1001110_2$$

Ejercicio propuesto: Convertir a binario (Por la operatoria de la tabla de pesos) el número decimal 41_{10}

Si bien no se va a considerar la operativa con números negativos, se indica que en ocasiones, un número binario se representa en la forma signo(Complemento)/Magnitud, en la cual el bit que está más a la izquierda es el denominado bit de signo y los demás bits conforman la magnitud considerada

N° binario real, parte común para los números negativos y positivos,

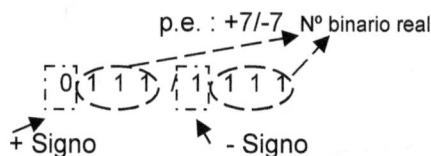

p.e. : +7/-7 N° binario real

+ Signo   - Signo

I.2.3.2.- Sistema hexadecimal

Este sistema tiene dieciséis dígitos, utilizando caracteres alfanuméricos (Diez dígitos numéricos, números 0 al 9) y seis caracteres alfabéticos (Letras A a la F), por tanto es un sistema en base 16. Mediante el mismo se pueden representar números mas fácilmente que con el sistema binario y además una gran parte de sistemas digitales manejan datos binarios múltiplos de cuatro bits, ya que cada dígito hexadecimal se expresa con un número binario de 4 bits, o dicho de otra forma, mediante 4 bits es posible representar 16 números (0 al 15)

Hexadecimal	Binario				Decimal
0	0	0	0	0	0
1	0	0	0	1	1
2	0	0	1	0	2
3	0	0	1	1	3
4	0	1	0	0	4
5	0	1	0	1	5
6	0	1	1	0	6
7	0	1	1	1	7
8	1	0	0	0	8
9	1	0	0	1	9
A	1	0	1	0	10
B	1	0	1	1	11
C	1	1	0	0	12
D	1	1	0	1	13
E	1	1	1	0	14
F	1	1	1	1	15

Se utiliza la letra "h" o el subíndice 16 para indicar que un determinado número está expresado en forma hexadecimal ($9F8F_{16}$)

El contaje en hexadecimal se realiza añadiendo sucesivamente otras columnas de dígitos a los 16 originarios, siguiendo la codificación hexadecimal

Decimal	0	1	2	3	4	5	6	7	8	9	10	11	12	13	14	15
Hexadecimal	0	1	2	3	4	5	6	7	8	9	A	B	C	D	E	F

$0x16 + 0 = 0$ $0x16 + 1 = 1$ .... $0x16 + 15 = 15$

Decimal	16	17	18	19	20	21	22	23	24	25	26	27	28	29	30	31
Hexadecimal	10	11	12	13	14	15	16	17	18	19	1A	1B	1C	1D	1E	1F

$1x16 + 0 = 16$ $1x16 + 1 = 17$ .... $1x16 + 15 = 31$

Decimal	32	33	34	35												
Hexadecimal	20	21														

$2x16 + 0 = 32$ $2x16 + 1 = 33.$

Decimal	240	241	242	243	244	245	246	247	248	249	250	251	252	253	254	255
Hexadecimal	F0	F1	F2	F3	F4	F5	F6	F7	F8	F9	FA	FB	FC	FC	FE	FF

$15x16 + 0 = 240$ $15x16 + 1 = 241$ $15x16 + 15 = 255$

Procediendo sucesivamente de forma similar podríamos llegar al número hexadecimal FFF_{16} = 4.095 (decimal)

L a conversión de un número hexadecimal a binario se realiza sustituyendo cada símbolo hexadecimal de dicho número por el grupo de 4 bits equivalente en binario

$$X \ X \ X \ X \quad ---\blacktriangleright \quad Decimal$$

Hexadecimal:	9	F	8	F_{16}		1	0	4	2
Binario:	1001	1111	1000	1111	0001	0000	0100	0010	
Peso binario:	8001	8421	8000	8421	0001	0000	0400	0020	
Número decimal:	9	15	8	15	1	0	4	2	

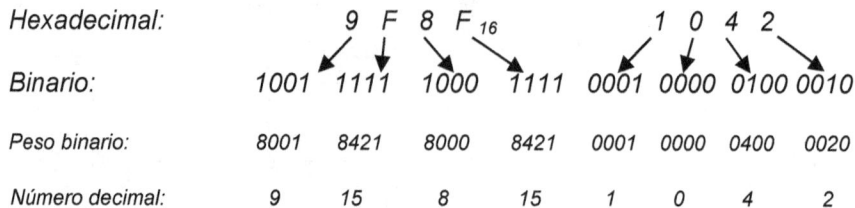

Ejercicio: Convertir a binario el número hexadecimal $3D7_{16}$

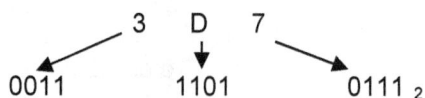

$$3 \quad D \quad 7$$
$$0011 \quad 1101 \quad 0111 \ _2$$

Ejercicio propuesto: Convertir a binario el número hexadecimal $F38E_{16}$

Para la conversión de un número binario a hexadecimal se hacen grupos de 4 bits con el número binario y se le asigna el símbolo hexadecimal correspondiente. (La asignación de grupos se hace comenzando por la derecha)

$$111011111001_2 \quad ---\blacktriangleright \quad Hexadecimal$$

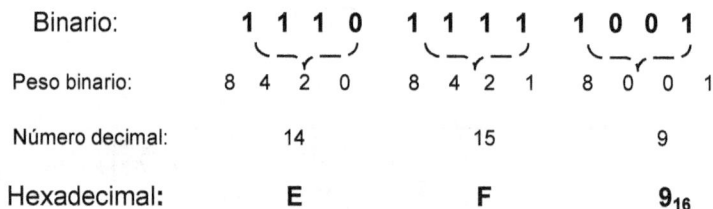

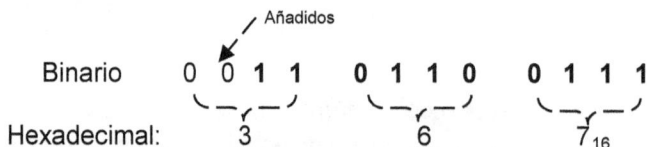

Binario:	**1 1 1 0**	**1 1 1 1**	**1 0 0 1**
Peso binario:	8 4 2 0	8 4 2 1	8 0 0 1
Número decimal:	14	15	9
Hexadecimal:	**E**	**F**	**9_{16}**

$$1101100111_2 \quad ---\blacktriangleright \quad Hexadecimal$$

Añadidos

Binario	0 0 1 1	0 1 1 0	0 1 1 1
Hexadecimal:	3	6	7_{16}

Ejercicio: Convertir a hexadecimal el número binario 1111111011_2

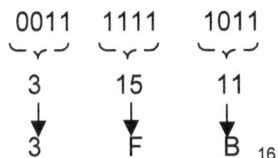

$$0011 \quad 1111 \quad 1011$$

$$3 \qquad 15 \qquad 11$$

$$3 \qquad F \qquad B \quad {}_{16}$$

Ejercicio propuesto: Convertir a hexadecimal el número binario 1111111000101101101_2

Para convertir un número decimal en hexadecimal, se utiliza el procedimiento de división sucesiva por 16 (Al igual que se hizo en la conversión decimal-binario), hexadecimal hasta que el cociente sea cero asignando a los sucesivos restos el correspondiente símbolo

$$2652_{10} \quad --\blacktriangleright \quad Hexadecimal$$

$$\begin{array}{llll}
\mathbf{2652_{10}} & \underline{|\,16} \\
C \longleftarrow 12 & 165 & \underline{|\,16} \\
5 \longleftarrow 5 & 1\;0 & \underline{|16} \\
A \longleftarrow 10 & 0
\end{array}$$

$$A \quad 5 \quad C$$

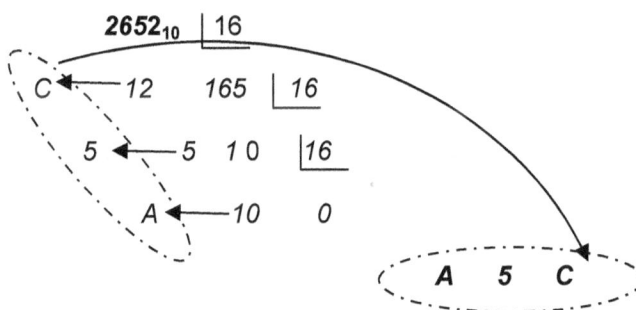

Ejercicio: Convertir a hexadecimal el número decimal 46.687_{10}

$$46687 \underline{| 16}$$

$$15 \cdot 2917 \underline{| 16}$$

$$5 \cdot 182 \underline{| 16}$$

$$6 \cdot 11 \underline{| 16}$$

$$11 \cdot 0$$

$$
\begin{array}{cccc}
11 & 6 & 5 & 15 \\
\downarrow & \downarrow & \downarrow & \downarrow \\
B & 6 & 5 & F_{16}
\end{array}
$$

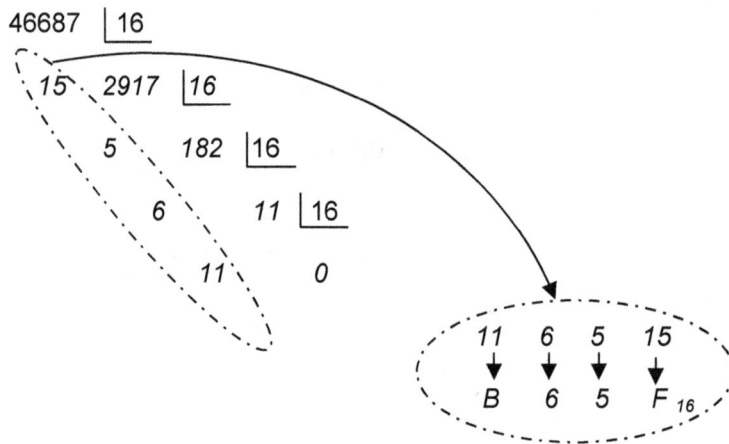

Ejercicio propuesto: Convertir a hexadecimal el número decimal 745_{10}

Para convertir un número hexadecimal en decimal, teniendo presente la tabla de pesos de este sistema, por analogía con el similar cambio binario/decimal y sus tablas de pesos correspondientes, se procedería de la siguiente forma:

$$(\dots \quad 16^4 \quad 16^3, \quad 16^2, \quad 16^1, \quad 16^0)$$

Tabla de pesos $\downarrow \quad \downarrow \quad \downarrow \quad \downarrow \quad \downarrow$

$$(\dots \quad 65.568 \quad 4.098 \quad 256 \quad 16 \quad 1)$$

$$9F8F_{16} \quad -- \rightarrow \quad \text{Decimal}$$

$$9F8F_{16} = 9 \times 16^3 + 15 \times 16^2 + 8 \times 16^1 + 15 \times 16^0 = 9 \times 4.096 + 15 \times 256 + 8 \times 16 + 15 \times 1 =$$

$$= 36.864 + 3840 + 128 + 15 = \mathbf{40.847}$$

Ejercicio: Convertir a decimal el número hexadecimal $C75_{16}$

$$C \quad 7 \quad 5$$

$$12 \times 16^2 \;+\; 7 \times 16^1 \;+\; 5 \times 16^0 =$$

$$= 3072 \;+\; 112 \;+\; 5 \;=\; 3189_{10}$$

Ejercicio propuesto: Convertir a decimal el número hexadecimal $B2F5_{16}$

I.2.3.3.- Sistema octal

Sistema de menor uso que los anteriores, utiliza los símbolos del 0 al 7 , es un sistema en base 8.

Para identificar un número octal se utiliza el subíndice 8, la letra O e incluso la Q.

Un dígito octal se puede expresar con un número binario de 3 bits (Dicho de otra forma, mediante 3 bits es posible representar 8 números , 0 al 7)

Octal	Binario			Decimal
0	0	0	0	0
1	0	0	1	1
2	0	1	0	2
3	0	1	1	3
4	1	0	0	4
5	1	0	1	5
6	1	1	0	6
7	1	1	1	7

El contaje en octal sería:

$$1 \times 8 + 0 = 8$$

Decimal	0	1	2	3	4	5	6	7	8	9	10	11	12	13	14	15	16	17
Octal	0	1	2	3	4	5	6	7	10	11	12	13	14	15	16	17	20	21

$0 \times 8 + 0 = 0$ $0 \times 8 + 1 = 1$ .... $1 \times 8 + 0 = 8$ $2 \times 8 + 1 = 17$

La conversión de un número octal a binario se realiza sustituyendo cada dígito octal de dicho número por el grupo de 3 bits equivalente en binario

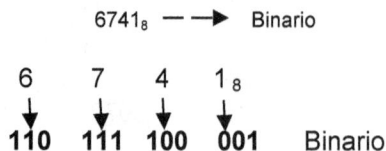

$$6741_8 \longrightarrow \text{Binario}$$

6	7	4	1_8
↓	↓	↓	↓
110	**111**	**100**	**001**

Binario

Ejercicio: Convertir a binario el número octal 1342_8

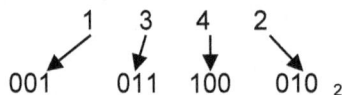

1	3	4	2
001	011	100	010_2

Ejercicio propuesto: Convertir a binario el número octal 741_8

Para la conversión de un número binario a octal se hacen grupos de 3 bits con el número binario y se le asigna el número octal correspondiente (Asignación de grupos, comenzando por la derecha)

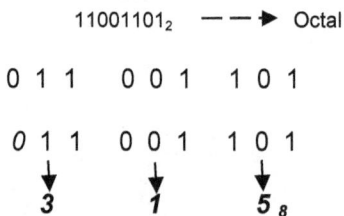

$$11001101_2 \longrightarrow \text{Octal}$$

0 1 1   0 0 1   1 0 1

0 1 1	0 0 1	1 0 1
↓	↓	↓
3	***1***	***5*** $_8$

Ejercicio: Convertir a octal el número binario 1110111101_2

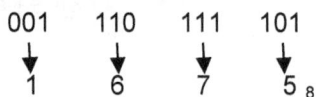

001	110	111	101
↓	↓	↓	↓
1	6	7	5_8

Ejercicio propuesto: Convertir a octal el número binario 101110111_2

Para convertir un número decimal en octal, como se hizo anteriormente, se utiliza el método de división sucesiva, en este caso por 8, hasta que el cociente sea cero

$$196_{10} \quad \text{---} \blacktriangleright \quad \text{Octal}$$

$$196_{10} \underline{|8}$$
$$4 \quad 24 \underline{|8}$$
$$0 \quad 3 \underline{|8}$$
$$3 \quad 0$$

$$3 \quad 0 \quad 4$$

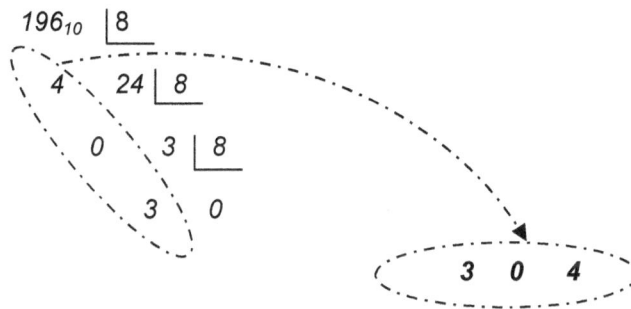

Ejercicio: Convertir a octal el número decimal 1642_{10}

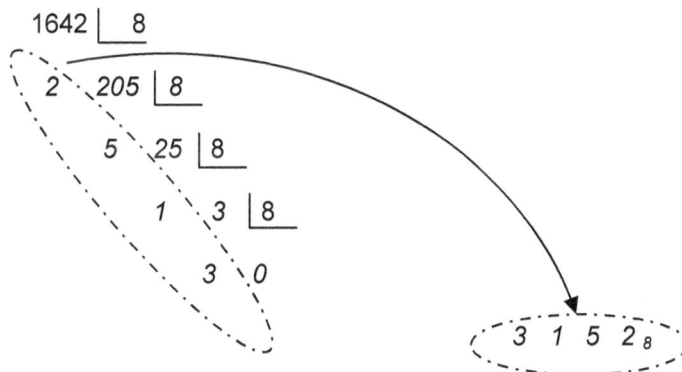

$$1642 \underline{|8}$$
$$2 \quad 205 \underline{|8}$$
$$5 \quad 25 \underline{|8}$$
$$1 \quad 3 \underline{|8}$$
$$3 \quad 0$$

$$3 \quad 1 \quad 5 \quad 2_8$$

Ejercicio propuesto: Convertir a octal el número decimal 904_{10}

Para convertir un número octal en decimal, teniendo presente la tabla de pesos de este sistema :

$$8^3 \quad , \quad 8^2 \quad , \quad 8^1 \quad , \quad 8^0$$
$$\downarrow \qquad \downarrow \qquad \downarrow \qquad \downarrow$$
$$512 \qquad 64 \qquad 8 \qquad 1$$

y por analogía con los cambios similares (binario, decimal) y sus tablas de pesos correspondientes tendríamos:

$$7.323_8 \longrightarrow \text{Decimal}$$

$$7.323 = 7 \times 8^3 + 3 \times 8^2 + 2 \times 8^1 + 3 \times 8^0 = 7 \times 512 + 3 \times 64 + 2 \times 8 + 3 \times 1 =$$

$$= 3.584 + 192 + 16 + 3 = \mathbf{3795_{10}}$$

Ejercicio: Convertir a decimal el número octal 1370_8

$$1.370 = 1 \times 8^3 + 3 \times 8^2 + 7 \times 8^1 + 0 \times 8^1 = 1 \times 512 + 3 \times 64 + 7 \times 8 + 0 \times 1 = 760$$

Ejercicio propuesto: Convertir a decimal el número octal 637_8

I.2.3.4.- Código Decimal Binario (BCD)

El código decimal binario (BCD, Binary Coded Decimal) es un modo de representar los dígitos decimales (0 al 9) en forma binaria (Código binario de 4 bits), no es por tanto un sistema de numeración propiamente dicho

BCD		Binario				Decimal
0000		0	0	0	0	0
0001		0	0	0	1	1
0010		0	0	1	0	2
0011		0	0	1	1	3
0100		0	1	0	0	4
0101		0	1	0	1	5
0110		0	1	1	0	6
0111		0	1	1	1	7
1000		1	0	0	0	8
1001		1	0	0	1	9
	1010	1	0	1	0	10
	1011	1	0	1	1	11
Códigos	*1100*	1	1	0	0	12
no	*1101*	1	1	0	1	13
válidos	*1110*	1	1	1	0	14
	1111	1	1	1	1	15

En consecuencia, para representar un número decimal en formato BCD, se sustituyen los dígitos del número decimal por su equivalente en código binario de 4 bits

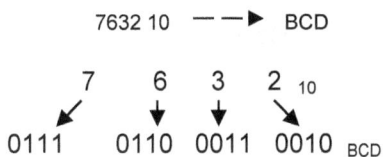

$$7632_{10} \; -\!-\!\blacktriangleright \; BCD$$

$$7 \quad 6 \quad 3 \quad 2_{10}$$

$$0111 \quad 0110 \quad 0011 \quad 0010_{BCD}$$

Ejercicio: Convertir a código BCD el número decimal 4562_{10}

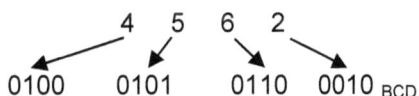

$$4 \quad 5 \quad 6 \quad 2$$

$$0100 \quad 0101 \quad 0110 \quad 0010_{BCD}$$

Ejercicio propuesto: Convertir a código BCD el número decimal 1468_{10}

Para convertir un número expresado en código BCD a decimal, se procede haciendo grupos de 4 bits, comenzando por la derecha, que se sustituyen por el dígito decimal correspondiente

$$11001110011_{BCD} \quad \text{-- --} \blacktriangleright \quad \text{Decimal}$$

$$0\ 1\ 1\ 0 \qquad 0\ 1\ 1\ 1 \qquad 0\ 0\ 1\ 1$$
$$\downarrow \qquad\qquad \downarrow \qquad\qquad \downarrow$$
$$6 \qquad\qquad 7 \qquad\qquad 3$$

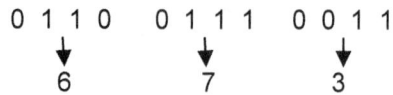

Ejercicio: Convertir a decimal el numero siguiente expresado en código BCD, 0101010001110110_{BCD}

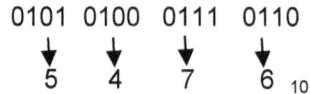

$$0101 \quad 0100 \quad 0111 \quad 0110$$
$$\downarrow \qquad \downarrow \qquad \downarrow \qquad \downarrow$$
$$5 \qquad 4 \qquad 7 \qquad 6 \;_{10}$$

Ejercicio propuesto: Convertir a decimal el número siguiente expresado en código BCD, 001000110000_{BCD}

I.2.3.5.- Código Gray

Este código se caracteriza porque solo varía un bit al ir de una palabra (Combinación) a la adyacente, propiedad que lo hace muy útil entre otras en, aplicaciones de control de posición de ejes. Se dice del mismo que es un código cíclico

Por ejemplo , en el caso de una codificación con 2 bits, sería, 00, 01, 11, 00 , constatándose que solo cambia un bit entre cada palabra adyacente, incluso entre la última y la primera , lo cual le confiere el carácter cíclico antes indicado

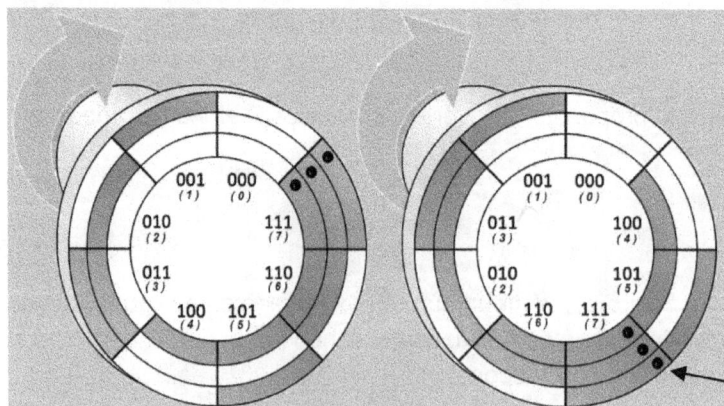

Las cabezas lectoras (fijas) de contacto u otro tipo, captan información de la superficie del disco al girar

LECTOR

La figura, es una representación de un dispositivo codificador de ejes de 3 bits. Cada uno de los sectores de los diferentes anillos tiene un nivel energético (Blanco/Negro, Conductor/No conductor) superior o inferior (0 ó 1), según el código Gray que le corresponda. Mediante un sistema óptico /o de contacto se detectan los niveles energéticos (0/1) de los distintos sectores, generando la salida binaria que corresponde a la posición detectada del eje.

En la configuración de Mapas de Karnaugth, que se verán más adelante, mediante este código se consigue que el orden de de las combinaciones (celdas) de variables queden establecidas de forma tal que las mismas sean además de geométricamente adyacentes también sean adyacentes lógicamente

Si el sistema de codificación fuera binario, podrían existir desfases de detección en el tránsito de un sector al adyacente, generando una salida errónea. Por ejemplo , si el dispositivo está controlando el sector 1 1 1, transitando hacia el 0 0 0 y el detector de la izquierda se adelanta (por falta de alineamiento) generaría la salida 0 1 1 en un cierto instante de tiempo y el consiguiente error de sistema. En esta situación, si se utiliza el código gray dada su particularidad de solo cambiar un bit entre sectores adyacentes, si el cabezal detector está posicionado en el sector 1 1 1 y transita hacia el siguiente , 1 0 1, las dos únicas posibilidades de salida son la 1 1 1 y la 1 0 1, evitándose la generación de salidas erróneas incluso en una posible situación de desfase de algún detector

Para convertir el código binario a Gray, se va sumando (De izquierda a derecha y sin acarreo) cada par de bits adyacentes , obteniendo el correspondiente bit en código gray y se completa por la izquierda, con el bit más significativo (MSB) de número binario que es el mismo que corresponde en gray

Suma binaria y acarreo

Al igual que sucede en la suma de números decimales, al sumar dígitos binarios básicamente pueden ocurrir dos tipos de situaciones, que se supere o no el valor del mayor de los dígitos del sistema (9 y 1 respectivamente)

Decimal	4	4		Binario	0	0	1	1
	+ 3	+ 8			+ 0	+ 1	+ 0	+ 1
	7	12			0	1	1	10
		↖ Acarreo						↖ Acarreo
	1 bit	2 bit				1 bit		2 bit

Como en el sistema decimal la suma de las diferentes columnas se efectúa de derecha a izquierda

Ejemplo:

$$1\ 0\ 1 \qquad 5$$
$$+1\ 1\ 0 \qquad +6$$

$$10\ 1\ 1 \qquad 11$$

Acarreo

Binario Decimal

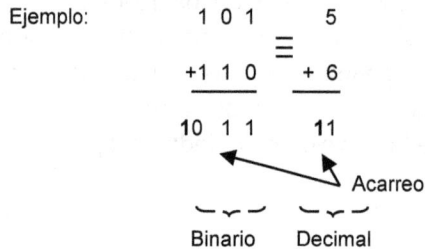

Suponiendo que se deseara pasar a código gray el número binario 111011_2, tendríamos

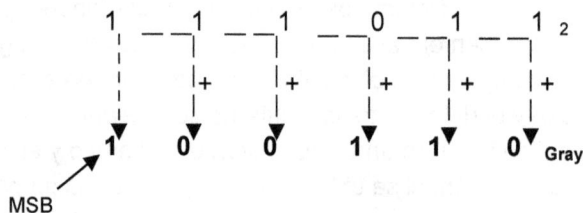

$$1 - 1 - 1 - 0 - 1 - 1_2$$

1 0 0 1 1 0 Gray

MSB

Ejercicio : Convertir a código Gray el número binario 1100101_2

$$1100101_2 \dashrightarrow Gray$$

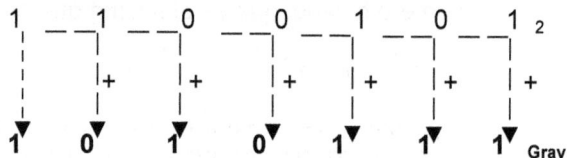

$$1 - 1 - 0 - 0 - 1 - 0 - 1_2$$

1 0 1 0 1 1 1 Gray

Ejercicio propuesto : Convertir a código Gray el número binario 11010_2

Para convertir un número expresado código Gray a binario, se va sumando a cada bit de código binario, el bit en código gray de la posición adyacente de la derecha. Tampoco se consideran acarreos y también como antes, el bit más significativo (MSB), es el mismo que en código Gray

$$1 \quad 1 \quad 0 \quad 1 \quad 1 \text{ Gray}$$

$$1 \quad 0 \quad 0 \quad 1 \quad 0 _2$$

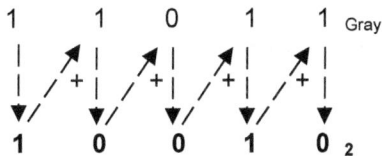

Ejercicio : Convertir a código binario el número expresado en código Gray
101001_{GRAY}

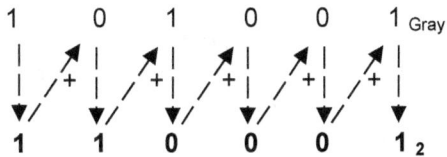

$$1 \quad 0 \quad 1 \quad 0 \quad 0 \quad 1 \text{ Gray}$$

$$1 \quad 1 \quad 0 \quad 0 \quad 0 \quad 1 _2$$

Ejercicio propuesto : Convertir a código binario el número expresado en código Gray
10111_{GRAY}

Para obtener el código Gray de (n + 1) bits partiendo del código de n bits, se procede como queda reflejado en la siguiente tabla . Por ejemplo, si tratamos de obtener el código Gray de 3 bits, reflejamos el código Gray de 2 bits alrededor de un eje imaginario colocado al final de este, añadiendo ceros por la izquierda (bit msb) por encima el eje y unos también por la izquierda (bit msb) debajo del eje

1 bit	2 bits	3 bits	4 bits
0	0 0	0 00	0 000
1	0 1	0 01	0 001
	1 1	0 11	0 011
	1 0	0 10	0 010
		1 10	0 110
		1 11	0 111
		1 01	0 101
		1 00	0 100
			1 100
			1 101
			1 111
			1 110
			1 010
			1 011
			1 001

Ejes de reflexión

			1 000

I.2.4.- Expresiones Booleanas

El algebra de Boole permite mediante las denominadas "ecuaciones lógicas", cuyas variables solo pueden tener dos estados (0 y 1), elaborar esquemas de circuitos (Neumáticos, eléctricos..) partiendo de las condiciones de mando/control que se establezcan para un determinado sistema automático.

También, mediante este álgebra lógica es posible el proceso inverso, esto es, partiendo de un determinado esquema de un circuito, obtener las correspondientes ecuaciones de mando, que servirán para obtener el esquema de dicho circuito en otra tecnología diferente, p. e.: pasar de esquema eléctrico a neumático o viceversa..).

Podríamos decir que *el algebra de Boole es la matemática de los sistemas digitales* y su aplicación en el diseño de circuitos supone:

- Implementar las ecuaciones lógicas en circuitos físicos cuya simplificación o trasformación puede suponer circuitos más simples/económicos/convenientes
- Los esquemas que se originan son racionales (Esquemas estructurados, base para la programación estructurada en el ámbito de los PLC) lo cual facilita su entendimiento y mantenimiento
- Estas expresiones lógicas constituyen un lenguaje común entre tecnologías de diferente naturaleza tales como la electricidad, electrónica, hidráulica, neumática, PLC..., automatización en general

I.2.4.1.- Conceptos y definiciones de lógica binaria

. *Variable binaria*. También denominada "variable o señal directa", es una información concreta (De naturaleza eléctrica, electrónica, neumática..) que identifica uno de los dos únicos estados posibles (0/1 *) que un sistema digital puede tener. Es utilizada por tanto para representar magnitudes lógicas y se expresa mediante un símbolo. p.e.: B, PM...

Cada variable representa a cada una de las señales que intervienen en un sistema automático, circuito, esquema..

(*) Se establece el convencionalismo siguiente:

1.- Si la información es cierta/verdadera (Nivel energético superior, activado). Por ejemplo si "existe" tensión,5v ó si "existe" presión de trabajo, 4 bares

0.- Si la información no es cierta/falsa (Nivel energético inferior, no activado). Por ejemplo si "no existe" tensión, 0 V ó si "no existe" presión=presión atmosférica

. *Complemento de una variable*. También denominado "variable o señal negada", es el inverso de la misma. Se representa mediante el mismo símbolo que la variable (directa) correspondiente y una pequeña barra encima , $\overline{B}$, aunque en ocasiones se utiliza un apostrofe , B`

Las variables y sus negadas (complementos) reciben, en conjunto, el nombre de *literales*

. *Elementos u órganos binarios.* Conjunto de dispositivos (Sensores, interruptores, finales de carrera...) que generan cada uno de los estados posibles para cada una de las variables binarias. Constituyen lo que generalmente se denominan como "entradas de señal"

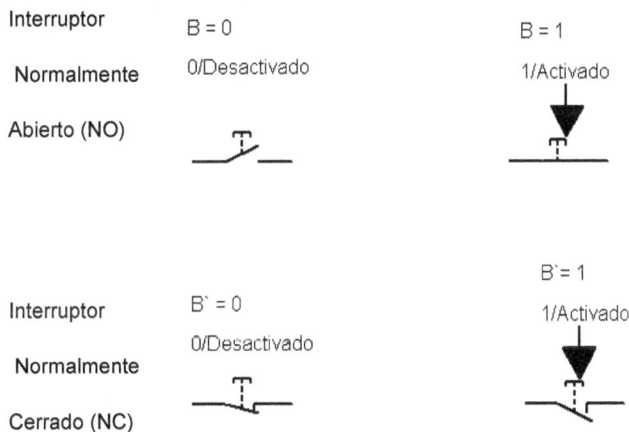

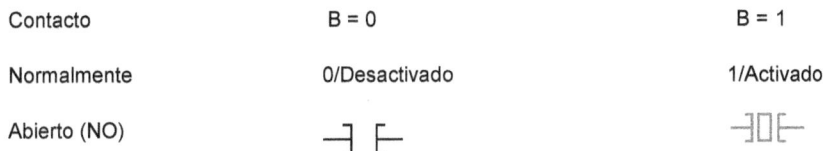

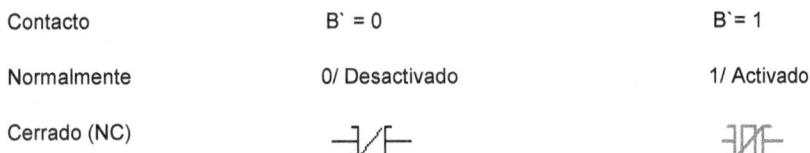

Interruptor Normalmente Abierto (NO)	B = 0 0/Desactivado	B = 1 1/Activado
Interruptor Normalmente Cerrado (NC)	B` = 0 0/Desactivado	B`= 1 1/Activado
Contacto Normalmente Abierto (NO)	B = 0 0/Desactivado	B = 1 1/Activado
Contacto Normalmente Cerrado (NC)	B` = 0 0/ Desactivado	B`= 1 1/ Activado

S. NEUMÁTICO		S. ELÉCTRICO		PLC		INPUT	OUTPUT
	Normalmente cerrada (NC)		Interruptor abierto (NA)		Contacto abierto	0 1	0 1
	Normalmente abierta (NA)		Interruptor cerrado (NC)		Contacto cerrado	0 1	1 0

Una válvula neumática 3/2 NC (Normalmente cerrada) equivale (es equivalente) a un interruptor/contacto eléctrico normalmente abierto, puesto que ambos en el caso de ser activados permiten el paso del flujo energético (Presión/Tensión). De la misma forma, una válvula neumática 3/2 NA (Normalmente abierta) equivale (Es equivalente) a un interruptor/contacto eléctrico normalmente cerrado, puesto que ambos en el caso de ser activados, impedirán el paso del flujo energético

I.2.4.2.- Operadores lógicos básicos. Puertas lógicas

I.2.4.2.1.- Puerta lógica "O" (OR). Equivalente eléctrico/neumático

Una puerta lógica "O" (OR) ó suma lógica es una de las puertas básicas con las que se pueden configurar otras funciones lógicas. Puede tener un número de entradas igual o mayor de dos y su simbología es la indicada en la siguiente figura

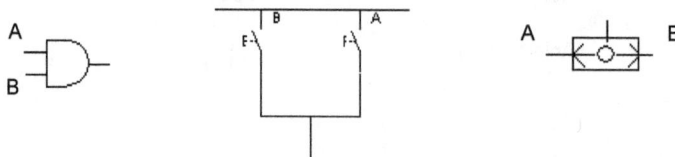

Su función es detectar si una o más de sus entradas tienen/están a nivel energético superior (1) y establecer en este caso un valor alto/superior (1) en su salida, o dicho de otra forma:

En una puerta lógica "O" (OR), su salida estará a 1, si alguna de sus entradas está a 1

Bajo (0)   Alto (1)   Alto (1)

⊐⊃— Alto (1)   ⊐⊃— Alto (1)   ⊐⊃— Alto (1)

Alto (1)   Bajo (0)   Alto (1)

Bajo (0)

⊐⊃— Bajo (0)

Bajo (0)

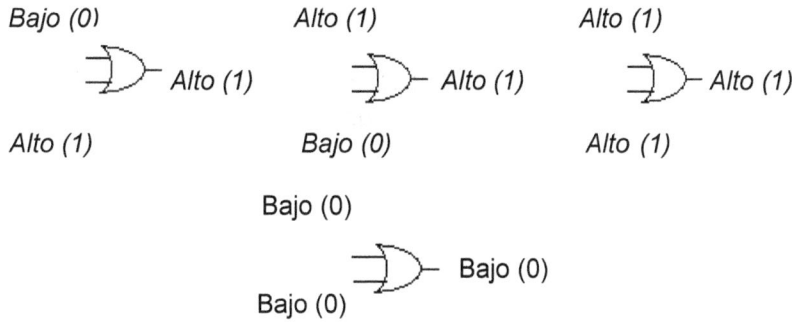

Su tabla de la verdad (*) y expresión booleana son las siguientes:

(*) Ver tablas de la verdad en apartado 1.2.4.4

ENTRADAS		SALIDA
A	B	A + B = S
0	0	0 + 0 = 0
0	1	0 + 1 = 1
1	0	1 + 0 = 1
1	1	1 + 1 = 1

Como se aprecia en el cuadro anterior, esta puerta lógica puede ser representada mediante la expresión lógica booliana de la suma, esto es:

$$S = A + B$$

Salida   Entradas (Variables)

El cronograma de funcionamiento de una puerta lógica "O" es:

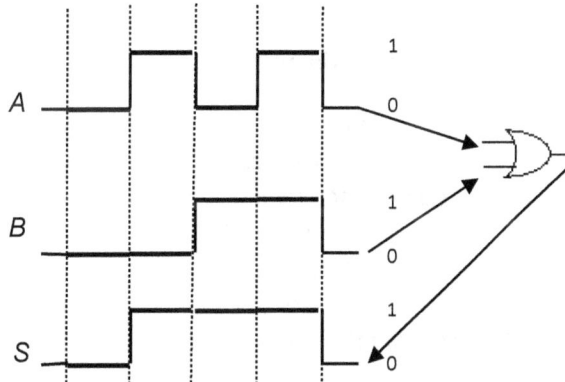

Un encapsulado DIP representativo de esta puerta lógica es el de la figura:

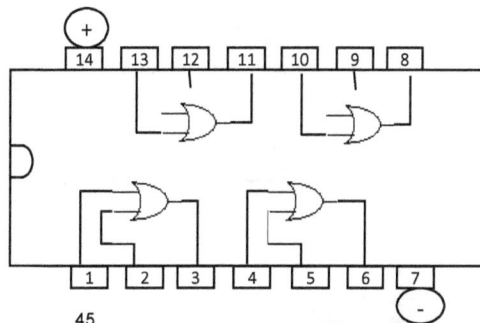

El equivalente en tecnología eléctrica de una puerta lógica "O" sería un conexionado en paralelo

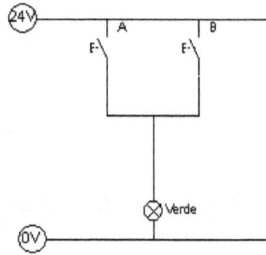

$$S = A + B$$

El equivalente en tecnología neumática del elemento lógico "o" sería la válvula selectora de circuito o función "o"

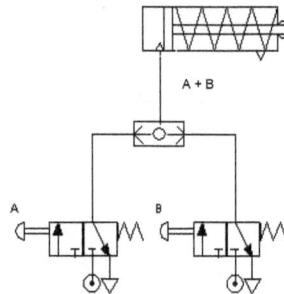

$$S = A + B$$

Ejemplificación práctica

En una línea de procesado de piezas que dispone de tres orificios premecanizados y con su correspondiente tapón protector (sobresalientes), se quiere detectar que han sido retirados antes de pasar a la siguiente fase de mecanizado, para lo cual el sistema de control está dotado de tres sensores (A, B,C) que detectaran, poniéndose a 1, si en alguno de los orificios hay tapón para en este caso activar una señal luminosa (SL) que avise de tal circunstancia

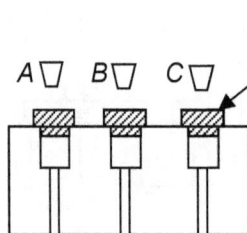

Tapón

Salida = $SL = A + B + C$

A	B	C	SL
0	0	0	0
0	0	1	1
0	1	0	1
0	1	1	1
1	0	0	1
1	0	1	1
1	1	0	1
1	1	1	1

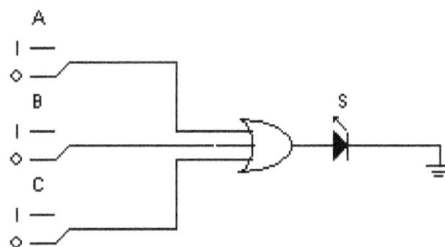

Las representaciones equivalentes en tecnología eléctrica y neumática son:

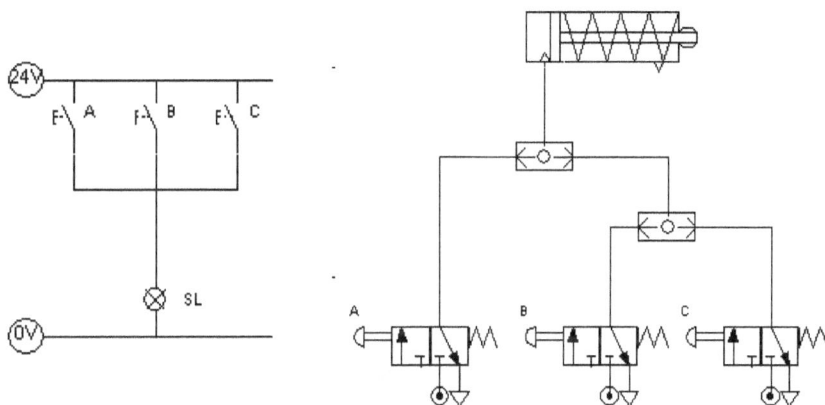

Ejercicio: Diseñar un sistema de control conformado con puertas lógicas electrónicas que realice la siguiente funcionalidad:

Mediante dos sensores se controla la presión (P) y temperatura (T) de una mezcla de fluidos contenida en un depósito, de manera que cuando alguna de esas dos magnitudes sobrepase un valor máximo se excite el sensor correspondiente (Nivel energético alto = 1) y se active una señal luminosa (SL) indicadora de tal circunstancia

Diséñese también el sistema equivalente en tecnología eléctrica y en tecnología neumática

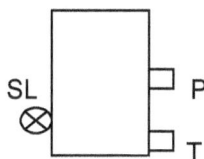

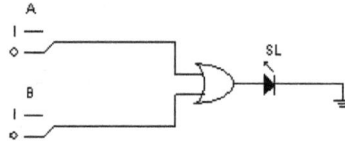

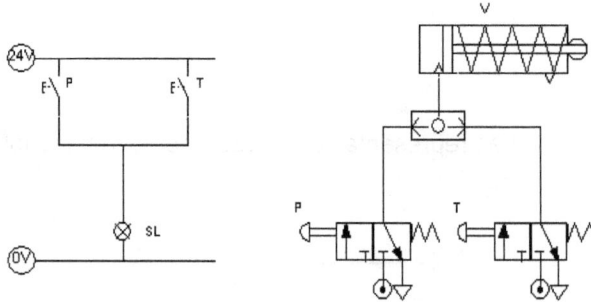

Ejercicio propuesto: Diseñar un sistema de control mediante puertas lógicas electrónicas para un motor (M) que deberá ponerse en marcha cuando se active alguno de los tres interruptores que lo controlan

Diséñese también el sistema equivalente en tecnología eléctrica y en tecnología neumática

I.2.4.2.2.- Puerta lógica "Y" (AND). Equivalente eléctrico/neumático

Una puerta lógica Y (AND) ó producto lógico es otra de las puertas básicas. Puede, también, tener un número de entradas igual o mayor de dos y su simbología se indica en la siguiente figura:

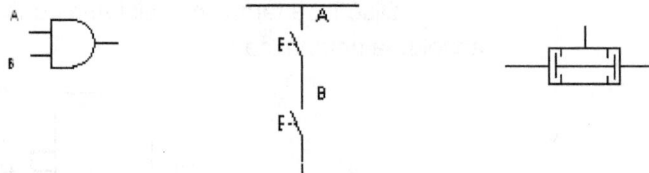

Su función es detectar si todas sus entradas tienen un nivel energético superior (1) y establecer en este caso un nivel energético alto (1) en la salida, o dicho de otra forma:

En una puerta lógica Y (AND), su salida (S) estará a 1, únicamente si todas sus entradas están a 1

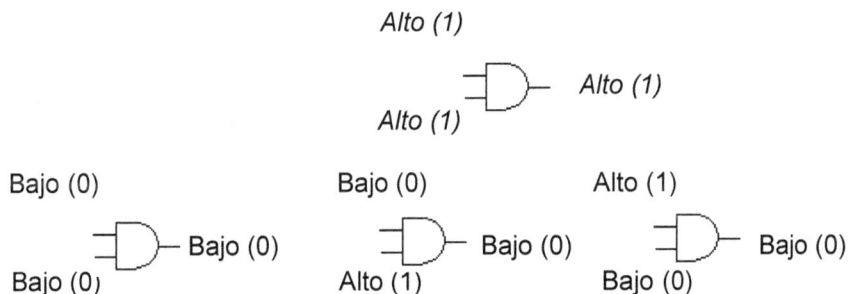

Alto (1)

Alto (1)

Alto (1)

Bajo (0)   Bajo (0)   Alto (1)

Bajo (0)   Bajo (0)   Bajo (0)

Bajo (0)   Alto (1)   Bajo (0)

Su tabla de la verdad y expresión booliana son las siguientes:

$$S = A . B$$

ENTRADAS		SALIDA
A	B	A x B = S
0	0	0 x 0 = 0
0	1	0 x 1 = 0
1	0	1 x 0 = 0
1	1	1 x 1 = 1

También, como se aprecia en el cuadro, esta puerta lógica puede ser representada mediante la expresión lógica booliana del producto, esto es

$$S = A . B$$

El cronograma de funcionamiento de una puerta lógica Y (AND) es:

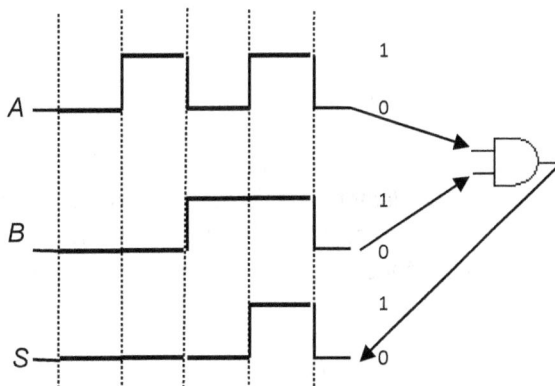

Un encapsulado DIP representativo de esta puerta lógica es el de la figura:

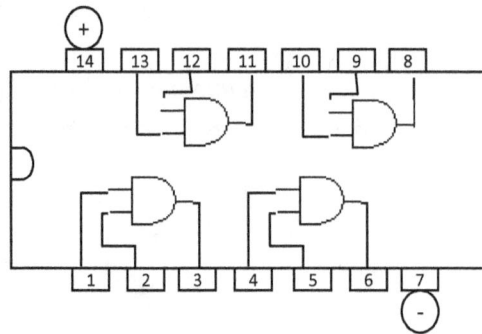

El equivalente en tecnología eléctrica de una puerta lógica "Y" sería un conexionado en serie

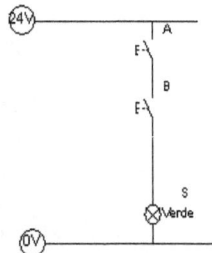

$$S = A \cdot B$$

El equivalente en tecnología neumática del elemento lógico "Y" sería la válvula selectora de circuito o función "Y"

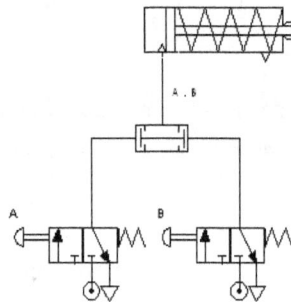

$$S = A \cdot B$$

Ejemplificación práctica

El sistema de control de apertura del tren de aterrizaje de un avión debe detectar , para validar esa maniobra, que los tres conjuntos rodantes (Delantero, lateral izquierdo y lateral derecho) están totalmente extendidos, activándose y poniéndose a 1 el correspondiente sensor de contacto de cada uno ellos.

En el caso de que alguno de los elementos rodantes no alcanzara su posición no se activará el correspondiente sensor y en consecuencia tampoco se activará la señal luminosa de autorización de la maniobra de aterrizaje

$$Sv = A \cdot B \cdot C$$

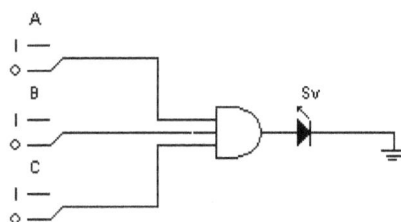

A	B	C	Sv
0	0	0	0
0	0	1	0
0	1	0	0
0	1	1	0
1	0	0	0
1	0	1	0
1	1	0	0
1	1	1	1

Las representaciones equivalentes en tecnología eléctrica y neumática son:

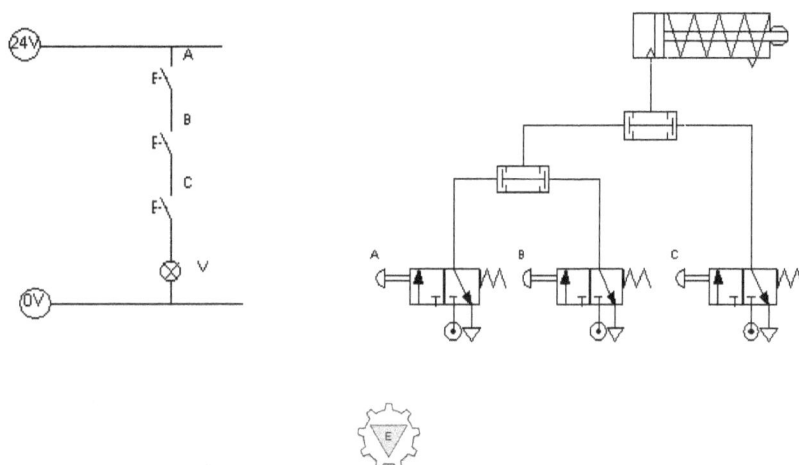

Ejercicio: Diseñar un sistema de control conformado con puertas lógicas electrónicas que realice la siguiente funcionalidad:

Mediante tres sensores se controla la presión (P) , temperatura (T) y PH de una mezcla de fluidos contenida en un depósito, de manera que cuando la magnitud controlada alcance un valor determinado se excita el sensor correspondiente (Nivel energético alto = 1) , de forma que únicamente cuando los tres parámetros tengan simultáneamente el valor establecido podrá activarse una válvula (V) de descarga

Diséñese también el sistema equivalente en tecnología eléctrica y en tecnología neumática

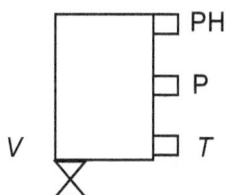

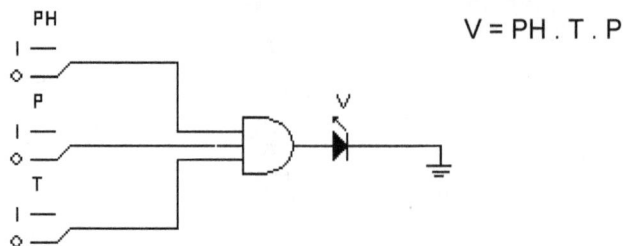

$$V = PH \cdot T \cdot P$$

Las representaciones equivalentes en tecnología eléctrica y neumática son:

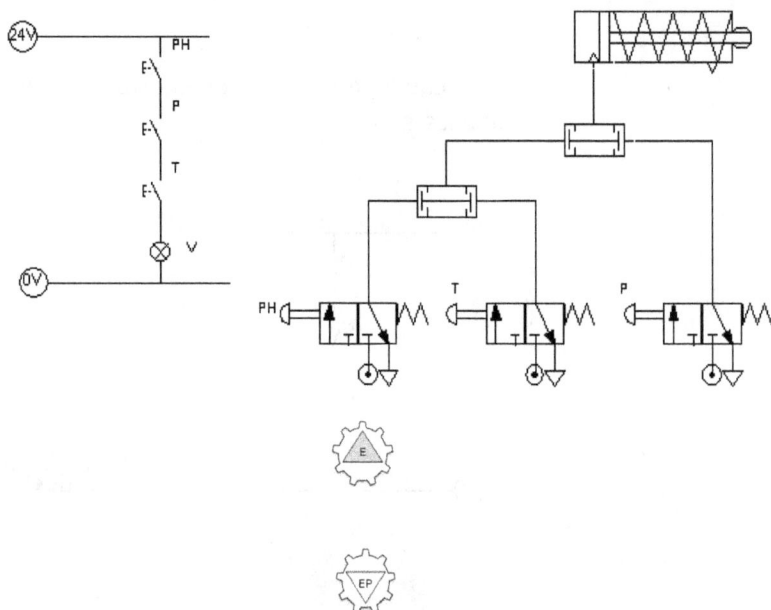

Ejercicio propuesto: La bajada de la estampa superior de una prensa (P) debe ser validada por el accionamiento simultáneo de dos pulsadores A y B. Diseñar el sistema de control mediante puertas lógicas electrónicas

Diséñese también el sistema equivalente en tecnología eléctrica y en tecnología neumática

I.2.4.2.3.- Puerta lógica "NO" (NOT / INVERSOR). Equivalente eléctrico/neumático

La puerta lógica NOT o inversor (Negación) es la tercera de las puertas básicas con las que se pueden configurar otras funciones lógicas y su simbología se indica en la siguiente figura

El símbolo ∘ , es el grafismo que representa la inversión de una señal.

Su misión es cambiar (Invertir) el nivel energético de su señal de entrada, generando la inversa en la salida o dicho de otra forma:

En una función inversora o negación (NO), su salida es la señal inversa de su entrada

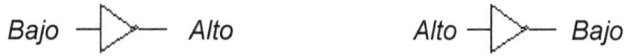

Bajo ─▷─ Alto   Alto ─▷─ Bajo

Su tabla de la verdad y expresión booliana son los siguientes:

$$S = \overline{A} \ (*)$$

(*) En ocasiones además del símbolo (—) identificativo de inversión, se utiliza el símbolo (` )    S = A`

A	S
0	1
1	0

El cronograma de funcionamiento de una puerta lógica No (NOR/Inversor) es:

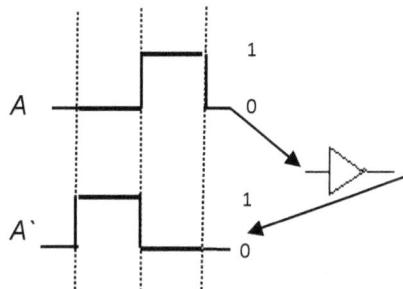

Un encapsulado DIP representativo de esta puerta lógica es el de la figura:

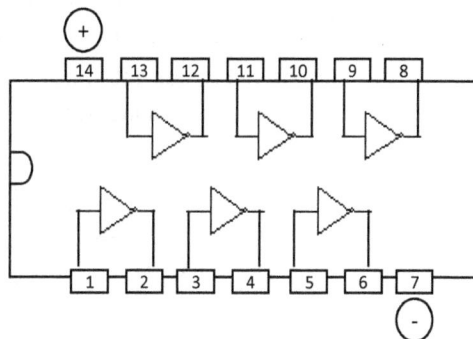

El equivalente en tecnología eléctrica de una puerta lógica inversora "NOT" sería un contacto/interruptor normalmente cerrado (NC)

El equivalente en tecnología neumática de una puerta lógica inversora "NOT" sería una válvula 3/2 normalmente abierta (3/2 NA)

Ejemplificación práctica

En la ejemplificación práctica del avión planteada en el apartado I.2.4.2.2, además de la señal luminosa (Sv, verde) que indica la validación del aterrizaje, simultáneamente se requiere que se active/desactive otra señal luminosa (Sr, roja) que indique según corresponda la imposibilidad/posibilidad realizar dicha maniobra

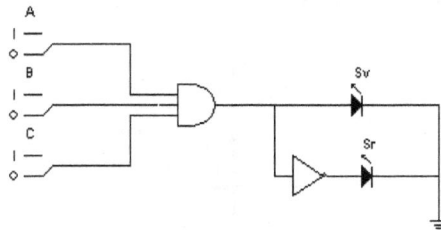

A	B	C	*Sv*	*Sr*
0	0	0	*0*	*1*
0	0	1	*0*	*1*
0	1	0	*0*	*1*
0	1	1	*0*	*1*
1	0	0	*0*	*1*
1	0	1	*0*	*1*
1	1	0	*0*	*1*
1	1	1	*1*	*0*

$$Sv = A \cdot B \cdot C \qquad Sr = \overline{Sv}$$

Ejercicio: Una señal luminosa roja (R1) permanecerá activa en tanto no se active un sensor (SP) que permitirá el acceso de vehículos en un determinado sentido (A) al ser detectados por el mismo, e impedirlo en el sentido contrario (B) activando otra luz roja (R2)

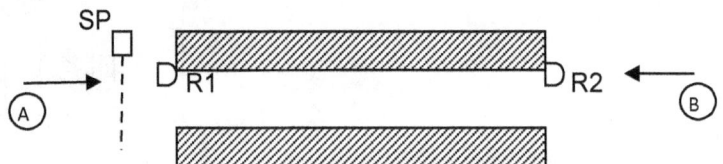

Diseñar el correspondiente circuito de control mediante puertas lógicas electrónicas y elaborar los circuitos equivalente en tecnología eléctrica y neumática

$$R2 = SP \qquad R1 = \overline{SP}$$

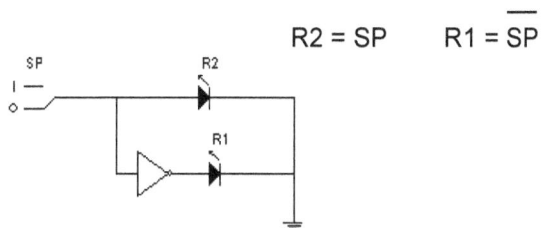

Los esquemas equivalentes en tecnología eléctrica y neumática serían:

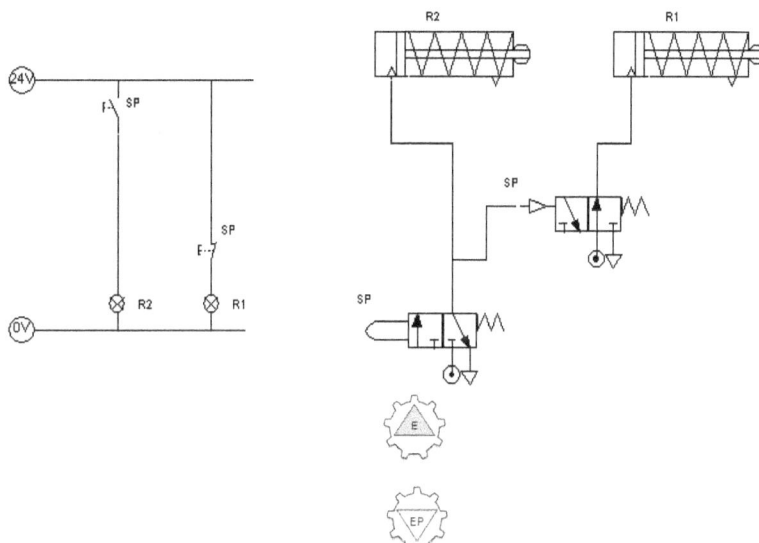

Ejercicio propuesto: Una cinta trasportadora funcionará en tanto en cuanto un sensor (S) que detecta piezas defectuosas no se active. Diseñar un sistema de control mediante puertas lógicas electrónicas. Elaborar también los correspondientes esquemas equivalentes en tecnología eléctrica y neumática

I.2.4.3.- Función (Ecuación) lógica . Formas canónicas

$$S = A \times B + C'$$

Es toda variable binaria p.e.: S = Salida, cuyo valor depende de una expresión algebraica , formada por variables binarias directas o negadas, p.e.: A,B, C`; = Entradas de señal, relacionadas entre si por los operadores lógico básicos suma (+), producto (x) y/o inversión, de manera que la salida será cierta (Verdadera), S = 1, si se cumple el estado reflejado por las variables de entrada

Así en la ecuación anterior se cumplirá si C = 0 ò las variables A y B, valen simultáneamente 1

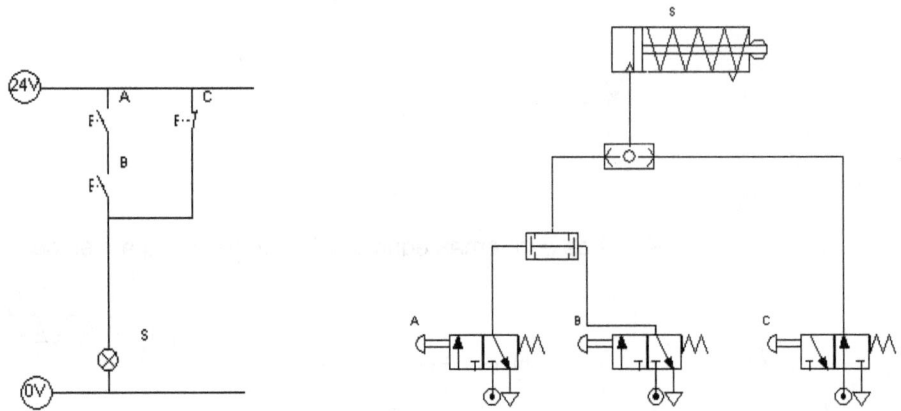

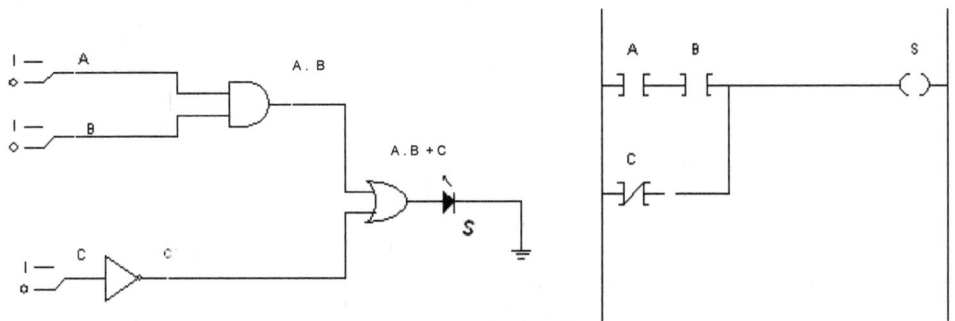

Mediante esta expresión matemática, que relaciona la salida con las entradas, es posible diseñar un circuito (Neumático, eléctrico…), que puede ser obtenida mediante la denominada *"Tabla de la verdad",* partiendo de las condiciones que tenga que cumplir el sistema, por tanto:

Una función (Ecuación) lógica es la combinación de unas determinadas variables (Directas o negadas), susceptibles de tomar los valores lógicos 0 y 1, que están relacionadas mediante operaciones lógicas (+ , x, e inversión)

Se denomina *"dominio"* de una expresión (ecuación) lógica al conjunto de variables (Directas o negadas) que intervienen en dicha ecuación.

Así en la expresión $S = A \times B + C`$, el conjunto de las variables A,B,C es el dominio de dicha expresión

I.2.4.3.1.- Formas de expresar una función (Ecuación) lógica

En primer lugar hay que concretar que se entiende por *forma canónica o estándar* de una expresión lógica, aquella que en todos sus términos contiene todas las variables o literales (Directas o negadas) del dominio de dicha ecuación lógica:

p.e.: $M = A . B` . C` + A` . B` . C + A . B . C`$, dominio de la ecuación A,B,C

$S = (R + D + E`) (R` + D` + E)$, dominio de la ecuación R,D,E

Una ecuación lógica puede expresarse de dos formas distintas, convertibles la una en la otra, las cuales son:

. *Suma de productos.* $\sum_{MINTERMS}$ (S. de p., SOP, Sum of Products)

. *Productos de sumas.* $\prod_{MAXTERMS}$ (P. de s., POS, Product of Sums)

Es preciso definir también los conceptos de minitermino (Minterm) y maxitérmino (Maxterm), como:

Minitérmino (Minterm). Es el productos de variables directas o negadas (Producto de literales).

También se le denomina *1º forma canónica*

P.e.: $A . B` . C$

Maxitérmino (Maxterm). Es la suma de variables directas o negadas (Suma de literales).

También se le denomina *2º forma canónica*

P.e.: $E + F` + G$

En consecuencia podemos decir que la forma canónica de una función, es toda suma de productos ($\sum_{MINTERMS}$) o todo producto de sumas ($\prod_{MAXTERMS}$), en las que aparecen todas las variables del dominio de dicha función, bien sea en forma directa o negada

En algunas ocasiones, suele utilizarse la denominada forma numérica, en la cual a cada término canónico se le asigna el número decimal que proviene de su equivalente binario obtenido al sustituir las variables directas por 1 y las negadas por cero, en la primera forma canónica (SOP).

Para la 2º forma (POS) las variables directas son sustituidas por 0 y las negadas por 1. Ejemplo:

$$R = D\grave{}\ C\grave{}\ B\ +\ D\grave{}\ C\ B\ +\ D\ C\grave{}\ B$$

$$\underbrace{0\quad 0\quad 1}_{1}\qquad \underbrace{0\quad 1\quad 1}_{3}\qquad \underbrace{1\quad 0\ 1}_{5}$$

Expresión combinacional

$$R = \sum\nolimits_{3}(\ 1,\ 3,\ 5)\qquad \Sigma = \text{Sumatorio (Sigma)}$$

Número de variables del recorrido de la ecuación (B,C,D)

$$S = (\ D + C\grave{} + B)\ (D\grave{} + C + B)\ (\ D\grave{} + C\grave{} + B)$$

$$\underbrace{0\quad 1\quad 0}_{2}\qquad \underbrace{1\quad 0\quad 0}_{4}\qquad \underbrace{1\quad 1\quad 0}_{6}$$

Expresión combinacional

$$S = \prod\nolimits_{3}(\ 2,\ 4,\ 6)\qquad \prod = \text{Producto (Pi)}$$

Ejercicio: Obtener la forma numérica binaria y decimal de la siguiente expresión canónica:

$$M = X\ Y\ Z\ W\grave{}\ +\ X\grave{}\ Y\grave{}\ Z\grave{}\ W\ +\ X\ Y\grave{}\ Z\ W\grave{}$$

$$M = X\ Y\ Z\ W\grave{}\ +\ X\grave{}\ Y\grave{}\ Z\grave{}\ W\ +\ X\ Y\grave{}\ Z\ W\grave{}$$

$$\underbrace{1\ 1\ 1\ 0}_{14}\qquad \underbrace{0\ 0\ 0\ 1}_{1}\qquad \underbrace{1\ 0\ 1\ 0}_{10}$$

Ejercicio: Obtener la forma numérica binaria y decimal de la siguiente expresión canónica:

$$P = (\ a + b\grave{} + c\grave{} + d)\ (a\grave{} + b + c\grave{} + d)\ (a + b + c + d\grave{})$$

$$P = (a + b` + c` + d)(a` + b + c` + d)(a + b + c + d`)$$

$$\underbrace{0 \quad 1 \quad 1 \quad 0}_{6} \quad \underbrace{1 \quad 0 \quad 1 \quad 0}_{10} \quad \underbrace{0 \quad 0 \quad 0 \quad 1}_{1}$$

Ejercicio propuesto: Obtener la forma numérica binaria y decimal de la siguiente expresión canónica:

$$S = A \ B`C + A \ B`C` + A`B \ C`$$

Ejercicio propuesto: Obtener la forma numérica binaria y decimal de la siguiente expresión canónica:

$$T = (X + Y + Z) + (X` + Y` + Z) + (X + Y` + Z`)$$

1.2.4.4.- Tabla de la verdad

Es un instrumento gráfico que refleja, en forma tabulada , la función lógica y el comportamiento (Posibilidades o combinaciones) de las diferentes señales de entrada de un sistema y que nos permitirá obtener el circuito lógico que lo representa.

Por tanto la tabla de la verdad nos posibilita conocer los valores que tomará la ecuación lógica en cada una de las diferentes combinaciones de las variables (Señales) de entrada a un sistema, lo que permite expresar el funcionamiento del circuito lógico en cuestión.

Mediante este instrumento, es posible obtener la ecuación lógica en cualquiera de las dos formas canónicas, bien sea en suma de productos (Minterms) o producto de sumas (Maxterms) a partir de las condiciones de funcionalidad requeridas a un sistema automático.

En la parte izquierda de la misma, se sitúan las columnas correspondientes a cada una de las variables y a la derecha, se encuentra la columna que contiene los valores (0, 1) de la función de salida, para cada una de las diferentes combinaciones posibles de las señales de entrada

Variables entrada (Señales)   Salida

	A	B	C	S
0	0	0	0	0
1	0	0	1	1
2	0	1	0	0
3	0	1	1	1
4	1	0	0	1
5	1	0	1	0
6	1	1	0	1
7	1	1	1	1

Combinaciones

Considerando los valores de salida 1 para conformar la expresión combinacional en la 1º forma canónica (Minitérminos/SOP) o bien los valores de salida 0 para conformar la expresión combinacional en la 2ª forma (Maxitérminos/POS)

$$S = A` B` C + A` B C + A B` C` + A B C` + A B C$$

$$\underbrace{0\ 0\ 1}_{1} \quad \underbrace{0\ 1\ 1}_{3} \quad \underbrace{1\ 0\ 0}_{4} \quad \underbrace{1\ 1\ 0}_{6} \quad \underbrace{1\ 1\ 1}_{7}$$

$$S = \textstyle\sum_3 (1, 3, 4, 6, 7)$$

O bien desde la 2ª forma canónica (Maxitérminos/POS) de la misma expresión

$$S = (A + B + C)(A + B` + C )( A` + B + C`)$$

$$\underbrace{0\ \ 0\ \ 0}_{0} \quad\quad \underbrace{0\ \ 1\ \ 0}_{2} \quad\quad \underbrace{1\ \ 0\ \ 1}_{5}$$

$$S = \textstyle\prod_3 (0, 2, 5)$$

Así pues, cada fila representa una combinación de condiciones del sistema y su correspondiente respuesta o salida, teniendo presente que el número de combinaciones posibles será 2^n, siendo "n" el número de señales (variables) de entrada (A, B, C…). Resumiendo, podemos decir que:

La tabla de la verdad recoge ordenadamente todas las combinaciones posibles de los valores (0/1) de las variables de entrada y el resultado obtenido en la salida (0,1) para cada una de ellas.

Ejercicio: Obtener la tabla de la verdad de la siguiente expresión lógica partiendo de cada una de las formas canónicas. Indicar también la expresión combinacional correspondiente

$$R = X`Y Z W + X Y`Z`W + X Y Z`W` + X`Y`Z W + X`Y Z W` + X Y`Z`W ++ X`Y`Z`W$$

o/y bien

$$R = (X+Y+Z`+W) (X+Y`+Z+W) (X+Y`+Z+W`) (X`+Y+Z+W) (X`+Y+Z`+W) (X`+Y+Z`+W`)   (X`+Y`+Z+W`) (X`+Y`+Z`+W) (X`+Y`+Z`+W`)$$

Trasladando los minitérminos (1) o bien los *maxitérminos (0)* de una u otra expresión tendremos:

$$R = X`Y Z W + X Y`Z`W + X Y Z`W` + X`Y`Z W + X`Y Z W` + X`Y`Z`W + X`Y`Z`W`$$

0 1 1 1	1 0 0 1	1 1 0 0	0 0 1 1	0 1 1 0	0 0 0 1	0 0 0 0
7	9	12	3	6	1	0

$$R = \sum\nolimits_4 (0, 1, 3, 6, 7, 9, 12)$$

O bien

$$R = (X+Y+Z`+W) (X+Y`+Z+W) (X+Y`+Z+W`) (X`+Y+Z+W) (X`+Y+Z`+W) (X`+Y+Z`+W`) (X`+Y`+Z+W`) (X`+Y`+Z`+W) (X`+Y`+Z`+W`)$$

0 0 1 0	0 1 0 0	0 1 0 1	1 0 0 0	1 0 1 0	1 0 1 1	1 1 0 1	1 1 1 0	1 1 1 1
2	4	5	8	10	11	13	14	15

$$R = \prod\nolimits_4 (2, 4, 5, 8, 10, 11, 13, 14, 15)$$

	X	Y	Z	W	R
0	0	0	0	0	1
1	0	0	0	1	1
2	0	0	1	0	0
3	0	0	1	1	1
4	0	1	0	0	0
5	0	1	0	1	0
6	0	1	1	0	1
7	0	1	1	1	1
8	1	0	0	0	0
9	1	0	0	1	1
10	1	0	1	0	0
11	1	0	1	1	0
12	1	1	0	0	1
13	1	1	0	1	0
14	1	1	1	0	0
15	1	1	1	1	0

Ejercicio propuesto: Obtener la tabla de la verdad de la siguiente expresión lógica partiendo de cada una de las formas canónicas. Indicar también la expresión combinacional correspondiente

$$S = A`B`C + A`B`C + A B`C` + A B C + A B`C   \text{ o bien}$$

$$S = (A + B + C) (A + B` + C ) ( A` + B` + C)$$

Cuando la ecuación lógica no es canónica, esto es, no tiene todas la variables en cada uno de sus términos, puede hacerse la representación progresiva de la ecuación, para así obtener mas fácilmente la salida final, operando los estados parciales

$$S = X` \ Y + X \ Z` + Y`$$

O bien en la 2º forma $\qquad S = (X` + Y + Z`) (X + Z)$

Estados parciales

	X	Y	Z	X`	Y`	Z`	X`Y	X Z	S
0	0	0	0	1	1	1	0	0	0
1	0	0	1	1	1	0	0	0	1
2	0	1	0	1	0	1	1	0	0
3	0	1	1	1	0	0	1	0	1
4	1	0	0	0	1	1	0	1	1
5	1	0	1	0	1	0	0	0	0
6	1	1	0	0	0	1	0	1	1
7	1	1	1	0	0	0	0	0	1

$$S = \sum{}_3 (1 , 3 , 4 , 6 , 7)$$

Si bien partiendo de esta expresión combinacional, es posible ya directamente obtener la expresión combinacional de los maxitérminos , esto es :

$$S = \prod{}_3 (0, 2, 5)$$

tanto en este ejercicio como en el siguiente se realiza la obtención de la tabla como si se partiera de nuevo de la 2ª forma de la ecuación que se plantea

	X	Y	Z	X`	Z`	X`+Y+Z`	X+Z	S
0	0	0	0	1	1	1	0	0
1	0	0	1	1	0	1	1	1
2	0	1	0	1	1	1	0	0
3	0	1	1	1	0	1	1	1
4	1	0	0	0	1	1	1	1
5	1	0	1	0	0	0	1	0
6	1	1	0	0	1	1	1	1
7	1	1	1	0	0	1	1	1

Obteniendo $S = \prod{}_3 (0, 2, 5)$

Ejercicio: Obtener la tabla de la verdad y la correspondiente expresión combinacional de la siguiente expresión lógica:

$$M = A\ B`C + A\ D` + C`\ D \quad \text{o bien} \quad M = (B` + C` + D`)\ (A + D)\ (A + C`)$$

	A	B	C	D	A`	B`	C`	D`	A B`C	A D`	C D`	**M**
0	0	0	0	0	1	1	1	1	0	0	0	0
1	0	0	0	1	1	1	1	0	0	0	1	1
2	0	0	1	0	1	1	0	1	0	0	0	0
3	0	0	1	1	1	1	0	0	0	0	0	0
4	0	1	0	0	1	0	1	1	0	0	0	0
5	0	1	0	1	1	0	1	0	0	0	1	1
6	0	1	1	0	1	0	0	1	0	0	0	0
7	0	1	1	1	1	0	0	0	0	0	0	0
8	1	0	0	0	0	1	1	1	0	1	0	1
9	1	0	0	1	0	1	1	0	0	0	1	1
10	1	0	1	0	0	1	0	1	1	1	0	1
11	1	0	1	1	0	1	0	0	1	0	0	1
12	1	1	0	0	0	0	1	1	0	1	0	1
13	1	1	0	1	0	0	1	0	0	0	1	1
14	1	1	1	0	0	0	0	1	0	1	0	1
15	1	1	1	1	0	0	0	0	0	0	0	0

$$M = \sum_4 (\ 1, 5, 8, 9, 10, 11, 12, 13, 14\ )\ , \text{ recorrido de la función : A B C D}$$

O bien partiendo de la 2º forma

	A	B	C	D	A`	B`	C`	D`	B + C`+D`	A +D	A + C`	**M**
0	0	0	0	0	1	1	1	1	1	0	1	**0**
1	0	0	0	1	1	1	1	0	1	1	1	1
2	0	0	1	0	1	1	0	1	1	0	0	**0**
3	0	0	1	1	1	1	0	0	1	1	0	**0**
4	0	1	0	0	1	0	1	1	1	0	1	**0**
5	0	1	0	1	1	0	1	0	1	1	1	1
6	0	1	1	0	1	0	0	1	1	0	0	**0**
7	0	1	1	1	1	0	0	0	0	1	0	**0**
8	1	0	0	0	0	1	1	1	1	1	1	1
9	1	0	0	1	0	1	1	0	1	1	1	1
10	1	0	1	0	0	1	0	1	1	1	1	1
11	1	0	1	1	0	1	0	0	1	1	1	1
12	1	1	0	0	0	0	1	1	1	1	1	1
13	1	1	0	1	0	0	1	0	1	1	1	1
14	1	1	1	0	0	0	0	1	1	1	1	1
15	1	1	1	1	0	0	0	0	0	1	1	**0**

$$M = \prod_4 (\ 0, 2, 3, 4, 6, 7, 15\ )$$

Ejercicio propuesto: Obtener la tabla de la verdad y la correspondiente expresión combinacional de la siguiente expresión lógica:

$$S = X\ Y` + X´\ Z` + X`\ Y`\ Z`\ \text{ o bien en la 2ª forma } S = (\ X`+ Y`)\ (\ X + Z`)$$

1.2.4.4.1.- Obtención de ecuaciones lógicas desde la tabla de la verdad

La primera forma canónica ($\sum$ Minterms), se obtiene sumando todos los productos lógicos que son verdaderos, esto es, dan salida 1, asignado al estado 0 (cero) la variable negada (inversa) y al estado 1 (uno) la variable directa

$$S = \textstyle\sum_3 (1\ ,\ 3\ ,\ 4\ ,\ 6\ ,\ 7\ )\ \text{, recorrido de tres variables, p. e. , A B C}$$

	A	B	C	S
0	0	0	0	0
1	0	0	1	1
2	0	1	0	0
3	0	1	1	1
4	1	0	0	1
5	1	0	1	0
6	1	1	0	1
7	1	1	1	1

$$S = A`B`C + A`B C + A B`C` + A B C` + A B C$$
$$\quad\quad 1 \quad\quad 3 \quad\quad 4 \quad\quad 6 \quad\quad 7$$

Una expresión booliana puede ser obtenida partiendo de una tabla de la verdad, configurando un minitérmino por cada una de las combinaciones que la hacen verdadera (Generan un 1 en la salida de la misma), relacionándolos mediante el operador suma (OR)

La segunda forma canónica ($\prod$Maxterms), se obtiene multiplicando todas las sumas lógicas que no son verdaderas, esto es, dan salida 0, asignando al estado 0 (cero) la variable directa y al estado 1 (uno) la variable negada (Inversa)

$$S = \textstyle\prod_3(0, 2, 5)\ \text{ recorrido de las variables, p.e. : A,B,C}$$

	A	B	C	S
0	0	0	0	0
1	0	0	1	1
2	0	1	0	0
3	0	1	1	1
4	1	0	0	1
5	1	0	1	0
6	1	1	0	1
7	1	1	1	1

$$S = (A + B + C)(A + B` + C)(A` + B + C`)$$

$$\underbrace{}_{0} \quad \underbrace{}_{5}$$

Una expresión booliana puede ser obtenida partiendo de una tabla de la verdad, configurando un maxitérmino por cada una de las combinaciones que la hacen falsa (Generan un 0 en la salida de la misma), relacionándolos mediante el operador producto (AND)

Ambas expresiones son equivalentes, (*) y de cara a implementar un circuito podrá interesar escoger una u otra por razones tecnológicas, económicas, sencillez del mando, disponibilidad de elementos …..

* Oportunamente simplificadas como se verà en el punto   1.2.7

Ejercicio: Obtener la ecuación lógica en las dos formas canónicas (SOP y POS) mediante la tabla de la verdad de la siguiente expresión combinacional:

$$R \ = \textstyle\sum_4 (\ 3, 5, 9, 10, 14 \ )$$

R = Recorrido de cuatro variables, p. e., X Y Z W

	X	Y	Z	W	R	1ª Forma	2ª Forma
0	0	0	0	0	0		X+Y+Z+W
1	0	0	0	1	0		X+Y+Z+W`
2	0	0	1	0	0		X+Y+Z`+W
3	0	0	1	1	1	X` Y` Z W	
4	0	1	0	0	0		X+Y`+Z+W
5	0	1	0	1	1	X` Y Z` W	
6	0	1	1	0	0		X+Y`+Z`+W
7	0	1	1	1	0		X`+Y`+Z`+W`
8	1	0	0	0	0		X`+Y+Z+W
9	1	0	0	1	1	X Y` Z` W	
10	1	0	1	0	1	X Y` Z W`	
11	1	0	1	1	0		X`+Y+Z`+W`
12	1	1	0	0	0		X`+Y`+Z+W
13	1	1	0	1	0		X`+Y`+Z+W`
14	1	1	1	0	1	X Y Z W`	
15	1	1	1	1	0		X`+Y`+Z`+W`

Primera forma : $R = X\grave{}\ Y\grave{}\ Z\ W\ +\ X\grave{}\ Y\ Z\grave{}\ W\ +X\ Y\ Z\ W\ +\ X\ Y\grave{}\ Z\ W\grave{}\ +\ X\ Y\ Z\ W\grave{}$

$$0\ 0\ 1\ 1 \qquad 0\ 1\ 0\ 1 \qquad 1\ 0\ 0\ 1 \qquad 1\ 0\ 1\ 0 \qquad 1\ 1\ 1\ 0$$

$$\underbrace{\qquad}_{3} \qquad \underbrace{\qquad}_{5} \qquad \underbrace{\qquad}_{9} \qquad \underbrace{\qquad}_{10} \qquad \underbrace{\qquad}_{14}$$

Segunda forma:

$R = (X+Y+Z+W)\ (\ X+Y+Z+W\grave{}\ )\ (X+Y+Z\grave{}+W)\ (X+Y\grave{}+Z+W)\ (X+Y\grave{}+Z\grave{}+W)\ (X\grave{}+Y\grave{}+Z\grave{}+W\grave{}\ )\ (X\grave{}+Y+Z+W)$

$$0\ 0\ 0\ 0 \quad 0\ 0\ 0\ 1 \quad 0\ 0\ 1\ 0 \quad 0\ 1\ 0\ 0 \quad 0\ 1\ 1\ 0 \quad 0\ 1\ 1\ 1 \quad 1\ 0\ 0\ 0$$

$$\underbrace{\quad}_{0} \quad \underbrace{\quad}_{1} \quad \underbrace{\quad}_{2} \quad \underbrace{\quad}_{4} \quad \underbrace{\quad}_{6} \quad \underbrace{\quad}_{7} \quad \underbrace{\quad}_{8}$$

$(X\grave{}+Y+Z\grave{}+W\grave{}\ )\ (X\grave{}+Y\grave{}+Z+W)\ (X\grave{}+Y\grave{}+Z+W\grave{}\ )\ (X\grave{}+Y\grave{}+Z\grave{}+W\grave{}\ )$

$$1\ 0\ 1\ 1 \qquad 1\ 1\ 0\ 0 \qquad 1\ 1\ 0\ 1 \qquad 1\ 1\ 1\ 1$$

$$\underbrace{\qquad}_{11} \qquad \underbrace{\qquad}_{12} \qquad \underbrace{\qquad}_{13} \qquad \underbrace{\qquad}_{15}$$

Ejercicio propuesto: Obtener la ecuación lógica en las dos formas canónicas (SOP y POS) mediante la tabla de la verdad de la siguiente expresión combinacional:

$$L = \sum_3 (3, 5, 6, 7)$$

1.2.4.5.- Equivalencia de ecuaciones lógicas

Dos ecuaciones lógicas son equivalentes si sus tablas de la verdad son iguales

Apoyándose en lo indicado anteriormente, podemos verificar la simplificación o transformación realizada en una ecuación lógica.

Así para verificar la equivalencia de las dos ecuaciones que se indican, procederíamos de la siguiente forma:

a) $xy + x\grave{}z + yz$ \qquad\qquad b) $xy + x\grave{}z$

							a	b
x	y	z	x`	x . y	x´. z	y . z	xy + x´z +yz	xy + x´z
0	0	0	1	0	0	0	0	0
0	0	1	1	0	1	0	1	1
0	1	0	1	0	0	0	0	0
0	1	1	1	0	1	1	1	1
1	0	0	0	0	0	0	0	0
1	0	1	0	0	0	0	0	0
1	1	0	0	1	0	0	1	1
1	1	1	0	1	1	1	1	1

a = b

Ejercicio: Demostrar mediante la tabla de la verdad la equivalencia de las siguientes expresiones lógicas

$$F = X`Y Z W` + X`Y`Z` + X Y`Z` + Y`Z W` \qquad F_{BIS} = X`Z W` + Y`Z` + Y`W`$$

Para facilitar el visionado de la equivalencia, solamente se representan los unos de las combinaciones que generan ese valor, entendiéndose por tanto que las celdas en blanco serían ceros

	X	Y	Z	W	X`	Y`	Z`	W`	X`YZW`	X`Y`Z`	XY`Z`	Y`ZW`	F	X`ZW`	Y`Z`	Y`W`	F_{BIS}
0	0	0	0	0	1	1	1	1		1			1		1	1	1
1	0	0	0	1	1	1	1	0		1			1		1		1
2	0	0	1	0	1	1	0	1				1	1	1		1	1
3	0	0	1	1	1	1	0	0									
4	0	1	0	0	1	0	1	1									
5	0	1	0	1	1	0	1	0									
6	0	1	1	0	1	0	0	1	1				1	1			1
7	0	1	1	1	1	0	0	0									
8	1	0	0	0	0	1	1	1			1		1		1	1	1
9	1	0	0	1	0	1	1	0			1		1		1		1
10	1	0	1	0	0	1	0	1				1	1			1	1
11	1	0	1	1	0	1	0	0									
12	1	1	0	0	0	0	1	1									
13	1	1	0	1	0	0	1	0									
14	1	1	1	0	0	0	0	1									
15	1	1	1	1	0	0	0	0									

F = F_{BIS}

Ejercicio propuesto: Demostrar mediante la tabla de la verdad la equivalencia de las siguientes expresiones lógicas:

$$E = x y`z + x`z + y z + x`y \qquad\qquad E_{bis} = x`y + z$$

67

1.2.4.6.- Trasformación directa entre formas (Minitérminos-maxitérminos y viceversa)

Para trasformar directamente una ecuación lógica expresada como suma de productos (minitérminos) a la forma producto de sumas (Maxitérminos) y viceversa, hay que tener presente que los términos que faltan en la expresión dada en una determinada forma canónica, son los que conforman la expresión en la otra forma canónica, por ejemplo:

$$R (H, I, J) = H\grave{}\ I\grave{}\ J\grave{} \ + \ H\grave{}\ I \ J\grave{} \ + \ H \ I\grave{}\ J\grave{} \ + \ H \ I\grave{} J \ + \ H I \ J \quad (*)$$

$$\begin{array}{ccccc} 0\ 0\ 0 & 0\ 1\ 0 & 1\ 0\ 0 & 1\ 0\ 1 & 1\ 1\ 1 \\ \underbrace{} & \underbrace{} & \underbrace{} & \underbrace{} & \underbrace{} \\ 0 & 2 & 4 & 5 & 7 \end{array}$$

$$\sum (0 ,\ 2 ,\ 4,\ 5,\ 7)$$

$$\downarrow$$

$$\prod (1 , 3 , 6)$$

$$\begin{array}{ccc} 1 & 3 & 6 \\ 0\ 0\ 1 & 0\ 1\ 1 & 1\ 1\ 0 \end{array}$$

$$R (H , I , J) = (H + I + J\grave{}) (H + I\grave{} + J\grave{}) (H\grave{} + I\grave{} + J)$$

(*) Los términos que faltan (1,3,6) serían 0 en la tabla de la verdad

Si consideramos el ejemplo tratado en el apartado 1.2.4.4.1

$$S = A\grave{}\ B\grave{}\ C + A\grave{}\ B\ C + A\ B\grave{}\ C\grave{} + A\ B\ C\grave{} + A\ B\ C$$

$$\begin{array}{ccccc} 0\ 0\ 1 & 0\ 1\ 1 & 1\ 0\ 0 & 1\ 1\ 0 & 1\ 1\ 1 \\ \underbrace{} & \underbrace{} & \underbrace{} & \underbrace{} & \underbrace{} \\ 1 & 3 & 4 & 6 & 7 \end{array}$$

$$\sum (1 , 3 ,\ 4 ,\ 6 , 7)$$

$$\downarrow$$

$$\prod (0 , 2 , 5)$$

$$\begin{array}{ccc} 0 & 2 & 5 \\ 0\ 0\ 0 & 0\ 1\ 0 & 1\ 0\ 1 \end{array}$$

$$S = (A + B + C) (A + B\grave{} + C) (A\grave{} + B + C\grave{})$$

Ejercicio: Trasformar a la 2ª forma canónica (POS) la siguiente función que está expresada en 1ª forma canónica (POS)

$$S = A\ B\ C` + A`\ B`\ C` + A\ B`\ C + A`B\ C` + A`\ B\ C$$

$$\underbrace{1\ 1\ 0}_{6} \quad \underbrace{0\ 0\ 0}_{0} \quad \underbrace{1\ 0\ 1}_{5} \quad \underbrace{0\ 1\ 0}_{2} \quad \underbrace{0\ 1\ 1}_{3}$$

$$S = \textstyle\sum_3 (\ O, 2, 3, 5, 6\ )$$

$$\downarrow$$

$$S = \textstyle\prod_3 (\ 1, 4\ ,7\ )$$

$$\overbrace{0\ 0\ 1} \quad \overbrace{1\ 0\ 0} \quad \overbrace{1\ 1\ 1}$$

$$S = (\ A + B + C`\ ) (\ A` + B + C\ ) (\ A` + B` + C`\ )$$

Ejercicio propuesto: Trasformar a la 2ª forma canónica (POS) la siguiente función que está expresada en 1ª forma canónica (SOP)

$$E = X`\ Y`\ Z + X`\ Y\ Z + X\ Y\ Z` + X\ Y\ Z$$

El proceso inverso sería la trasformación de una ecuación lógica expresada como producto de sumas (Maxitérminos) a la forma suma de productos (Minitérminos) y siguiendo con los dos ejemplos anteriores, a modo de comprobación, sería:

a) $R(\ H, I, J\ ) = (\ H + I + J`\ ) (\ H + I` + J`\ ) (\ H` + I` + J\ )$
b) $S(\ A, B, C\ ) = (\ A + B + C\ ) (\ A + B` + C\ ) (\ A` + B` + C`\ )$

recordando que los términos que faltan en la expresión dada, son los que conforman la expresión en la otra forma canónica, tendremos:

a) $R (H , I , J) = (H + I + J` ) ( H + I` + J` ) ( H` + I´ + J)$

$$\underbrace{0 \;\; 0 \;\; 1}_{1} \quad \underbrace{0 \;\; 1 \;\; 1}_{3} \quad \underbrace{1 \;\; 1 \;\; 0}_{6}$$

$$\prod (1 , 3 , 6)$$

$$\downarrow$$

$$\sum (0 , 2 , 4, 5, 7)$$

$$R (H, I, J) = H` I` J` + H´ I J` + H I` J` + H I´ J + H I J$$

$$\underbrace{0 \;\; 0 \;\; 0}_{0} \quad \underbrace{0 \;\; 1 \;\; 0}_{2} \quad \underbrace{1 \;\; 0 \;\; 0}_{4} \quad \underbrace{1 \;\; 0 \;\; 1}_{5} \quad \underbrace{1 \;\; 1 \;\; 1}_{7}$$

b) $S = (A , B, C) = (A + B + C) (A + B` + C ) ( A` + B + C`)$

$$\underbrace{0 \;\; 0 \;\; 0}_{0} \quad \underbrace{0 \;\; 1 \;\; 0}_{2} \quad \underbrace{1 \;\; 0 \;\; 1}_{5}$$

$$\prod (0 , 2 , 5)$$

$$\downarrow$$

$$\sum (1 , 3 , 4 , 6 , 7)$$

$$S = A` B` C + A` B C + A B` C` + A B C´ + A B C$$

$$\underbrace{0 \;\; 0 \;\; 1}_{1} \quad \underbrace{0 \;\; 1 \;\; 1}_{3} \quad \underbrace{1 \;\; 0 \;\; 0}_{4} \quad \underbrace{1 \;\; 1 \;\; 0}_{6} \quad \underbrace{1 \;\; 1 \;\; 1}_{7}$$

Para completar el desarrollo de este último supuesto (Trasformación POS a SOP) se incluyen los ejercicios contemplados en el supuesto anterior, pero ejecutados de forma inversa

Ejercicio: Trasformar a la 1ª forma canónica (SOP) la siguiente función que está expresada en 2ª forma canónica (POS)

$$S = (A + B + C` ) ( A` + B + C) (A` + B` + C`)$$

$$\begin{array}{ccc} 0\ \ 0\ \ 1 & 1\ \ 0\ \ 0 & 1\ \ 1\ \ 1 \\ \underbrace{\qquad} & \underbrace{\qquad} & \underbrace{\qquad} \\ 1 & 4 & 7 \end{array}$$

$$S = \prod_3 (1, 4 , 7)$$

$$\downarrow$$

$$S = \sum_3 (0, 2, 3, 5, 6)$$

$$\begin{array}{ccccc} 0 & 2 & 3 & 5 & 6 \\ \underbrace{0\ 0\ 0} & \underbrace{0\ 1\ 0} & \underbrace{0\ 1\ 1} & \underbrace{1\ 0\ 1} & \underbrace{1\ 1\ 0} \end{array}$$

$$S = A` B` C` + A` B C` + A` B C + A B` C + A B C`$$

Ejercicio propuesto: Trasformar a la 1ª forma canónica (SOP) la siguiente función que está expresada en 2ª forma canónica (POS)

$$E = (X+ Y + Z) (X + Y`+ Z ) ( X`+ Y + Z) (X`+ Y + Z`)$$

1.2.4.6.1.- Trasformación entre formas de ecuaciones incompletas (No canónicas)

Si el proceso de trasformación fuera sobre una expresión que no tiene forma canónica (no estándar), lo primero sería hacer la oportuna trasformación hacia su forma canónica mediante operativa con elementos neutros (Ver propiedades del Algebra de Boole) de las variables que falten en cada término y seguidamente aplicar el proceso indicado anteriormente, tal como se hace en los dos supuestos que se desarrollan a continuación.

Convertir la siguiente la expresión : $M = X Y + X` Z$, a la forma canónica producto de sumas (Maxitérminos).

Al ser el recorrido de la función X,Y,Z , se aprecia que en el primer término falta la variable Z y en el segundo falta la variable Y.

Afectando a cada uno de esos términos del oportuno elemento neutro z + z`= 1 , y + y`=1 (Ver subapartado 1.2.5.1 "Elemento neutro del producto" de las propiedades del álgebra de Boole) , tendríamos:

Ausencia de la variable Z

Ausencia de la variable Y

$$M = (X\,Y) + (X\dot{}Z)$$

$$M = X\,Y\ (Z + Z\dot{}) + X\dot{}Z\ (Y + Y\dot{})$$
$$\underbrace{\hspace{1cm}}_{1} \qquad \underbrace{\hspace{1cm}}_{1}$$

Desarrollando los paréntesis

$$M = X\,Y\,Z + X\,Y\,Z\dot{} + X\dot{}\,Y\,Z + X\dot{}\,Y\dot{}\,Z$$

$$\underbrace{1\ 1\ 1}_{7} \quad \underbrace{1\ 1\ 0}_{6} \quad \underbrace{0\ 1\ 1}_{3} \quad \underbrace{0\ 0\ 1}_{1}$$

$$\sum (\,1\,,\,3\,,\,6\,,\,7\,)$$

$$\downarrow$$

$$\prod (\,0\,,\,2\,,\,4\,,\,5\,)$$

$$M = \overline{(X + Y + Z)\,(X + Y\dot{} + Z)\,(X\dot{} + Y + Z)\,(X\dot{} + Y + Z\dot{})}$$

$$\underbrace{0\ 0\ 0}_{0} \qquad \underbrace{0\ 1\ 0}_{2} \qquad \underbrace{1\ 0\ 0}_{4} \qquad \underbrace{1\ 0\ 1}_{5}$$

Si se dispone de una expresión en forma de maxitérminos (POS), por ejemplo, $E = (\,Y + Z\dot{})\,(\,X + Z\dot{})\,(\,Y\dot{} + Z\dot{})$ para transformarla a la forma estándar suma de productos (Minitérminos, SOP) tendríamos:

Al ser el recorrido de la función X,Y,Z , se aprecia que en cada uno de sus términos y de izquierda a derecha que faltan las variables X, Y , X, respectivamente.

Afectando a cada uno de ellos del oportuno elemento neutro x . x`= 0 , y . y´= 0 (Ver subapartado 1.2.5.1 "Elemento neutro de la suma" de las propiedades del álgebra de Boole), tendríamos:

Ausencia de la variable x   Ausencia de la variable Y   Ausencia de la v. X

$$E = (\,Y + Z\dot{})\ (X + Z\dot{})(Y\dot{} + Z\dot{})\ )(\ )$$

$$E = (X . X` + Y + Z`) \ (X + Y . Y` + Z`)(X . X` + Y` + Z`)$$

Aplicando la propiedad distributiva de la suma respecto al producto
$((X + YZ) = (X + Y)(X + Z))$ y agrupando términos repetidos

$$E = (X + Y + Z`) \ (X` + Y + Z`) \ (X + Y + Z`) \ (X + Y' + Z`) \ (X + Y' + Z`) \ (X' + Y' + Z')$$

$$E = (X + Y + Z`)(X` + Y + Z`) \ (X + Y' + Z`)(X' + Y' + Z')$$

$$\begin{array}{cccc} 0\ \ 0\ \ 1 & 1\ \ 0\ \ 1 & 0\ \ 1\ \ 1 & 1\ \ 1\ \ 1 \\ \underbrace{} & \underbrace{} & \underbrace{} & \underbrace{} \\ 1 & 5 & 3 & 7 \end{array}$$

$$\prod (1 , 3 , 5 , 7)$$

$$\downarrow$$

$$\sum (0 , 2 , 4 , 6)$$

$$\begin{array}{cccc} 0 & 2 & 4 & 6 \\ 0\ \ 0\ \ 0 & 0\ \ 1\ \ 0 & 1\ \ 0\ \ 0 & 1\ \ 1\ \ 0 \end{array}$$

$$E = X' Y' X' + X' Y X' + X Y' X' + X Y X`$$

Ejercicio: Obtener la forma canónica de la siguiente expresión:

$$M = X Y Z` W + X Y`Z + X`Y`$$

$$M = X Y Z` W + X Y`Z + X`Y`$$

Ausencia variable W   *Ausencia variables Z/W*

$$M = X Y Z` W + X Y`Z (W + W`) + X`Y` (Z + Z`)(W + W`)$$

$$M = X Y Z` W + X Y`Z W + X Y`Z W` + X`Y` Z (W + W`) + X`Y` Z`(W + W`)$$

$$M = X Y Z` W + X Y`Z W + X Y`Z W` + X`Y` Z W + X`Y` Z W` + X`Y` Z`W + X`Y` Z`W`$$

Ejercicio propuesto: Obtener la forma canónica de la siguiente expresión:

$$S = A\ B`C + C\ D$$

Ejercicio: Convertir a forma canónica la siguiente expresión:

$$R = (X + Y + Z` + W)\ (\ Y` + Z + W`)\ (X + Y` + Z\ )$$

$$R = (X + Y + Z` + W)\ (\ Y` + Z + W`)\ (X + Y` + Z\ )$$

Ausencia variable X   Ausencia variable W

$$R = (X + Y + Z` + W)\ (\ X\ X` + Y` + Z + W`)\ (X + Y` + Z + W\ W`)$$

0   0

$$R = (X + Y + Z` + W)\ (\ X + Y` + Z + W`)\ (\ X` + Y` + Z + W`)\ (X + Y` + Z + W\ )(X + Y` + Z + W`)$$

=

$$R = (X + Y + Z` + W)\ (\ X + Y` + Z + W`)\ (\ X` + Y` + Z + W`)\ (X + Y` + Z + W\ )$$

Ejercicio propuesto: Convertir a forma canónica la siguiente expresión:

$$R = (\ X` + Y\ ) + (\ X + Y` + Z`)$$

I.2.5.- *Propiedades del álgebra de Boole*

De cara a la manipulación y simplificación algebraica de ecuaciones lógicas, al objeto de poder obtener circuitos más sencillos y económicos, es muy oportuno conocer ciertas leyes/propiedades del álgebra de Boole.

Propiedad asociativa:

- *De la suma :* $(A + B + C) = A + (B + C)$

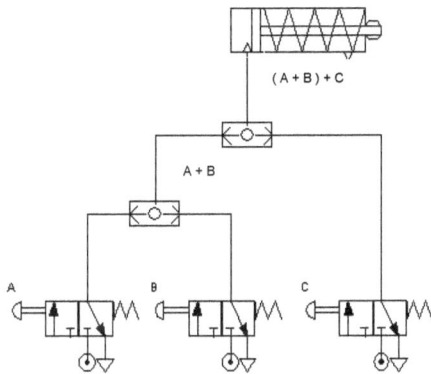
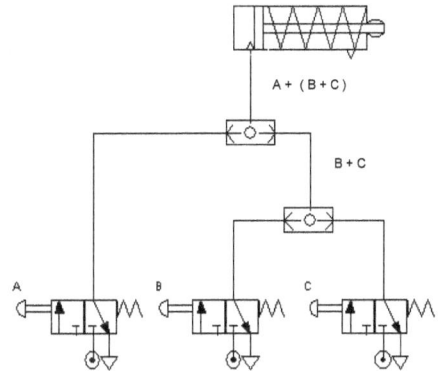

- *Del producto:* $(A . B) . C = A . (B . C)$

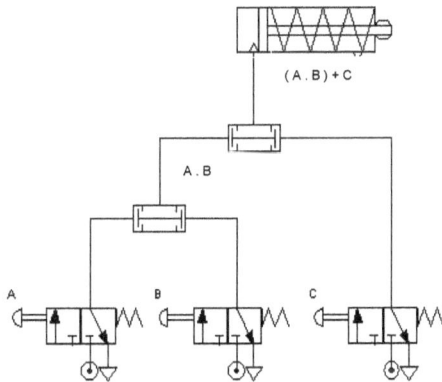
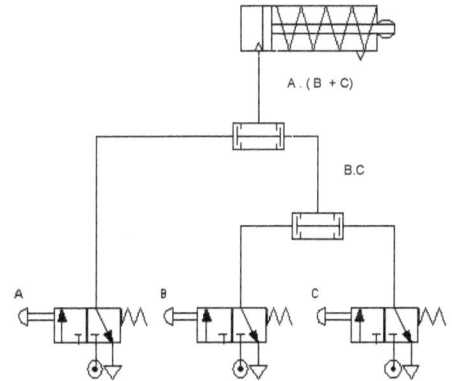

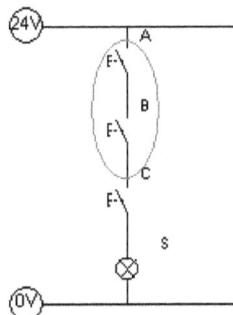
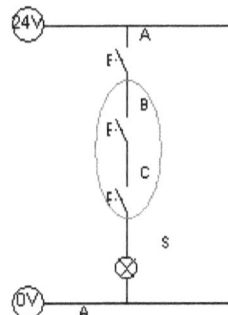

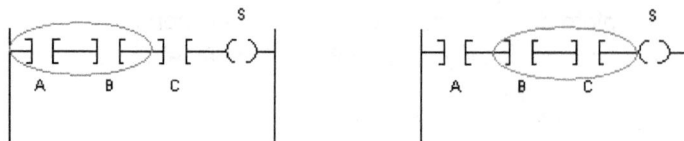

Propiedad conmutativa:

- De la suma : $A + B = B + A$

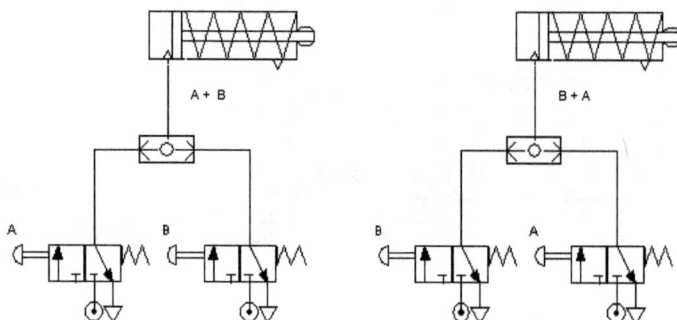

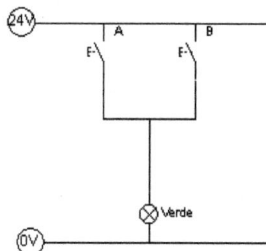

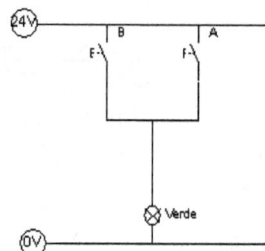

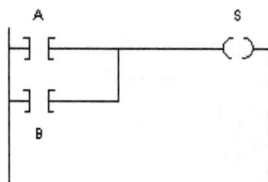

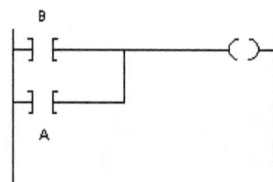

- Del producto : A . B = B . A

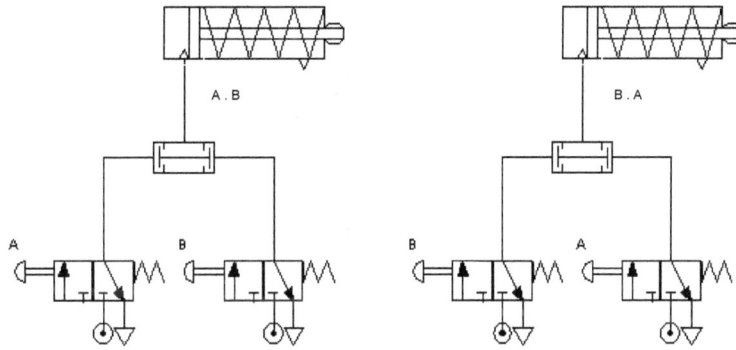

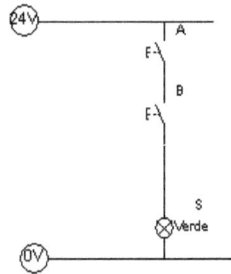

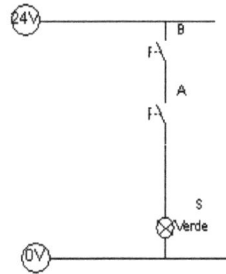

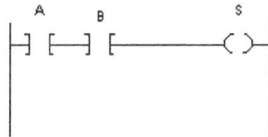

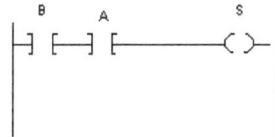

Propiedad distributiva:

- Del producto respecto de la suma : A (B + C) = A . B + A . C

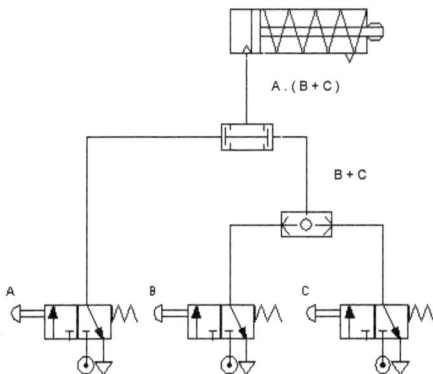

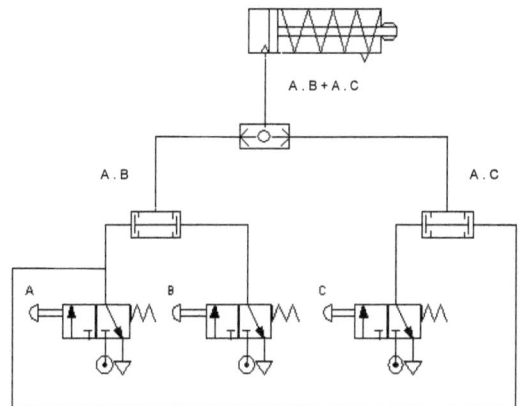

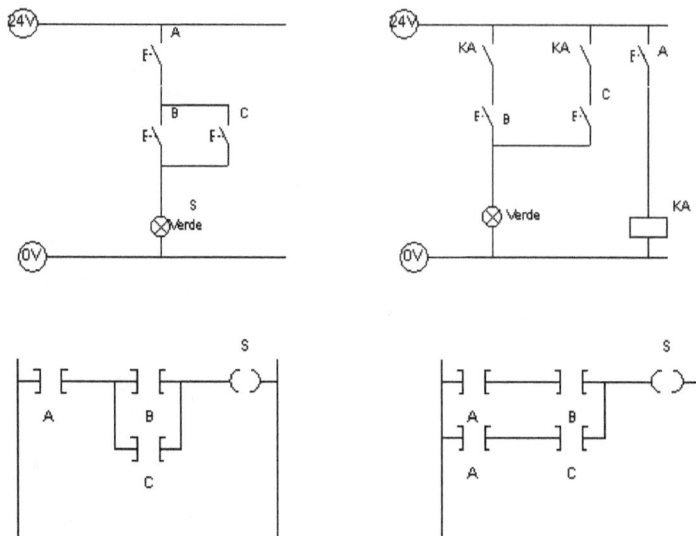

Ejercicio: El cabezal de una prensa es movido por un cilindro de simple efecto (CS) de manera que su movimiento descendente se efectuará si está bajada una pantalla de seguridad, detectándose esta situación al activarse un sensor (SP) y si también es activado uno cualquiera de tres pulsadores (PM1,PM2 o PM3) de los que dispone la máquina.

Impleméntese el circuito de control tanto en tecnología neumática pura como en tecnología electroneumática:

$$CS = SP. PM1 + SP. PM2 + SP. PM3 = SP (PM1 + PM2 + PM3)$$

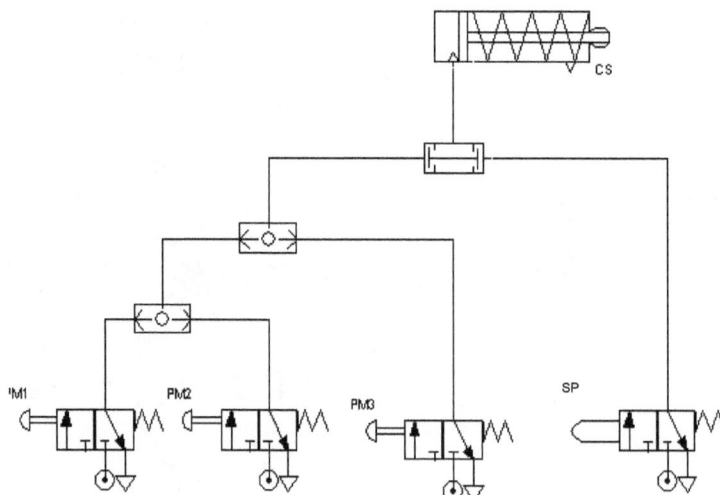

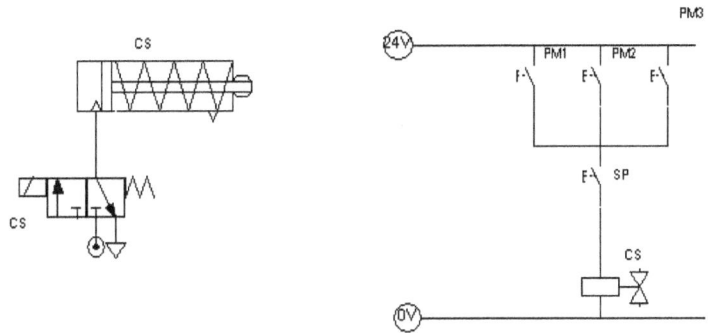

Ejercicio propuesto: Un motor eléctrico (ME) que mueve una bomba (B) de llenado de un depósito se pondrá en funcionamiento si está activado un interruptor de puesta en marcha PM y se activa uno cualquiera de dos sensores de nivel mínimo (S1/S2) de que dispone el depósito

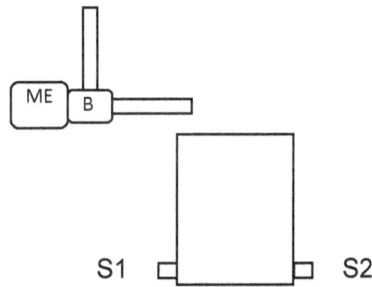

- De la suma respecto del producto: $A + B . C = (A + B) (A + C)$

Propiedad específica y exclusiva del álgebra de Boole (No se cumple en el álgebra ordinaria).

Se realiza la demostración algebraica de esta propiedad, mediante la tabla de la verdad

$$A + B . C = (A + B) (A + C)$$

$$\underbrace{}_{S1} \quad \underbrace{}_{S2}$$

	A	B	C	B.C	S1= A+B.C	A+B	A+C	S2=(A+B)(A+C)
0	0	0	0	0	0	0	0	0
1	0	0	1	0	0	0	1	0
2	0	1	0	0	0	1	0	0
3	0	1	1	1	1	1	1	1
4	1	0	0	0	1	1	1	1
5	1	0	1	0	1	1	1	1
6	1	1	0	0	1	1	1	1
7	1	1	1	1	1	1	1	1

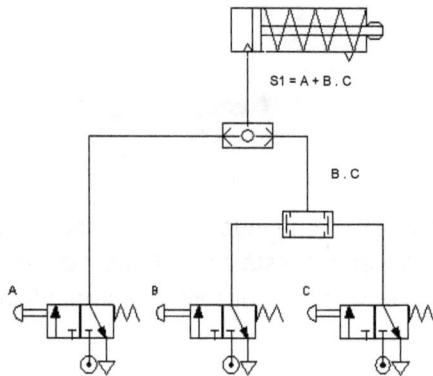

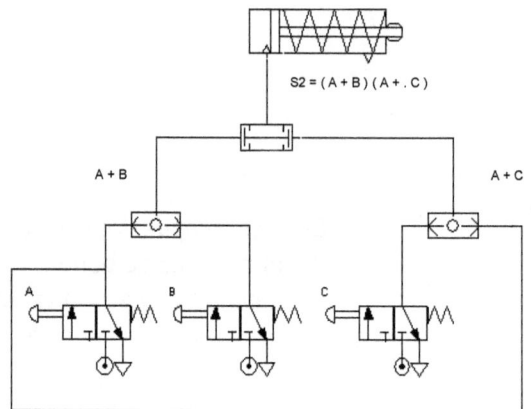

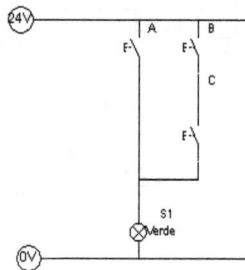

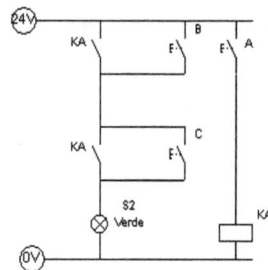

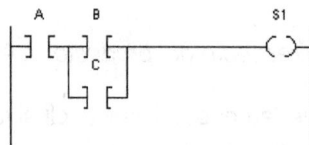

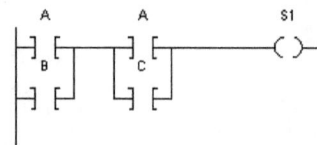

I.2.5.1.- Reglas o identidades del álgebra de Boole

Inversión

- De la suma $A + A´ = 1$

A	A´	A + A´
0	1	1
1	0	1

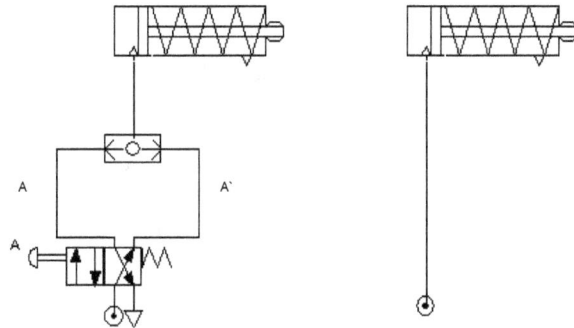

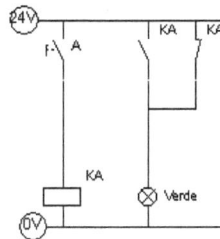
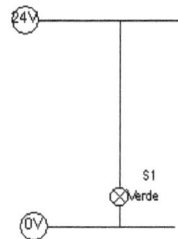

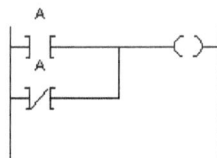

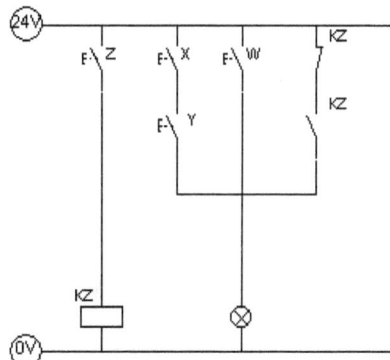

Ejercicio: El esquema de la figura está regido por la ecuación lógica que se indica al lado. Depurar algebraicamente la misma y obtener el esquema correspondiente

$$M = (X \ Y \ + \ W) (Z \ + \ Z')$$

Actuando sobre el segundo paréntesis de la ecuación tendremos:

$$M = (X\ Y\ +\ W)\underbrace{(Z\ +\ Z')}_{1}$$

y por tanto $M = X\ Y\ +\ W$

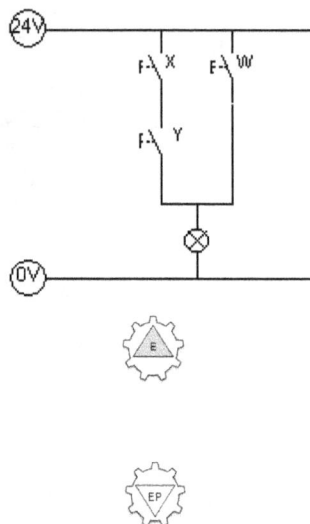

Ejercicio propuesto: El esquema neumático de la figura está regido por la ecuación lógica que se indica más abajo. Depurar algebraicamente la misma y obtener el esquema correspondiente

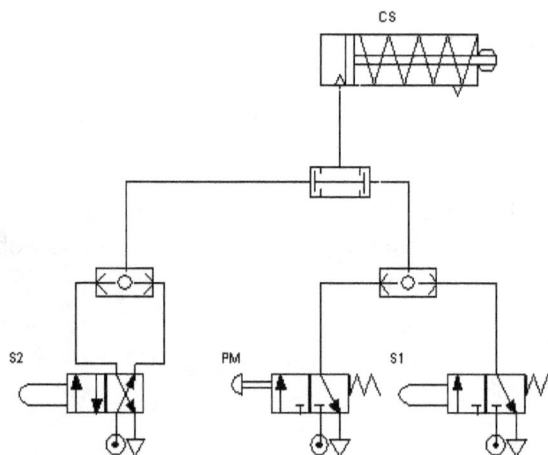

$$CS = (PM\ +\ S1)\ (S2\ +\ S2')$$

- *Del producto* $A \cdot A' = 0$

A	A´	A . A´
0	1	0
1	0	0

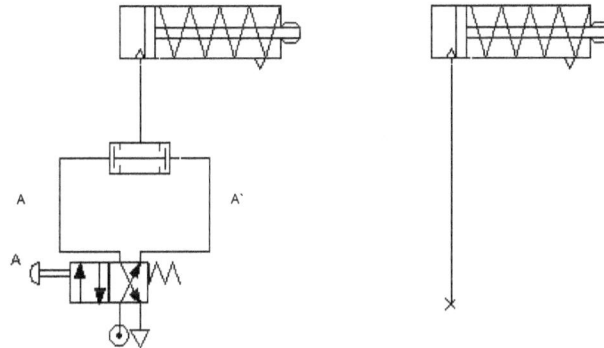

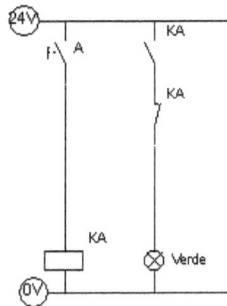

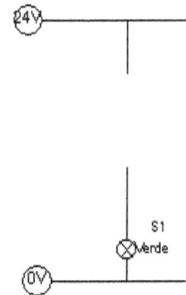

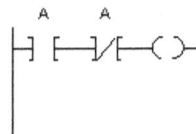

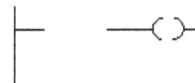

La doble inversión (negación) de una variable, es la misma variable, se puede decir por tanto que una doble negación es una afirmación, en efecto:

$$(A')' = A '' = A$$

A	A´	A´´
0	1	0
1	0	1

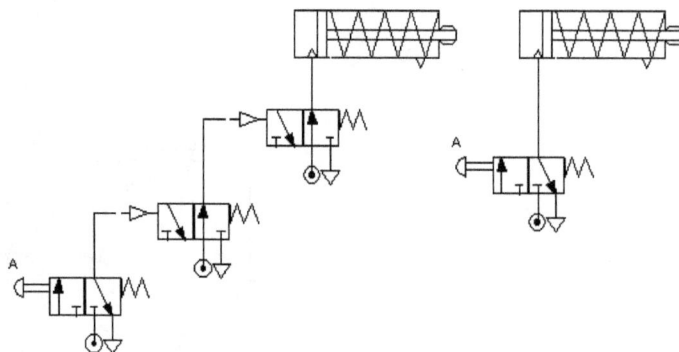

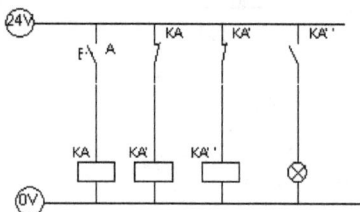

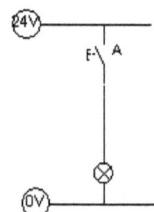

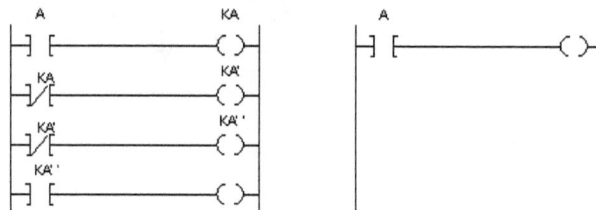

Elemento neutro

El 0 (cero) es el elemento neutro de la suma y el 1 (uno) es el elemento neutro del producto. Esta característica recibe también el nombre de "Ley de identidad"

- *De la suma   A + 0 = A*

A	0	A+0=A
0	0	A
1	0	A

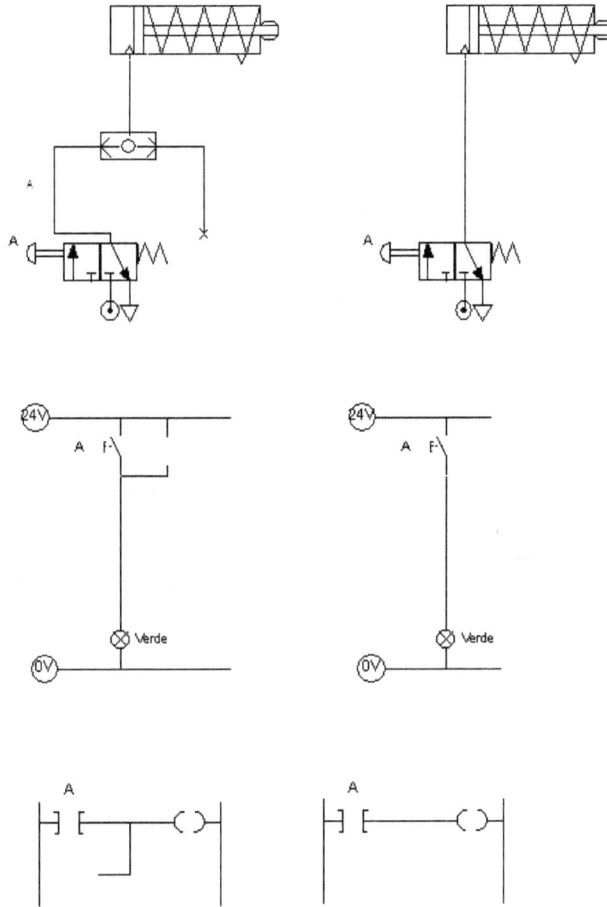

- *Del producto*   *A . 1 = A*

A	1	A.1=A
0	1	0
1	1	1

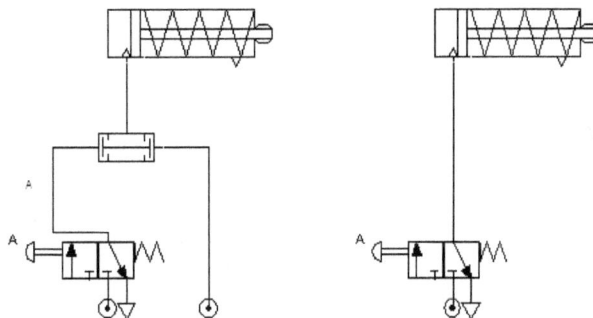

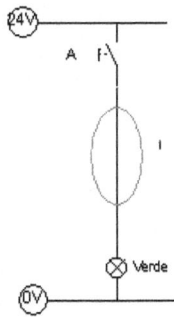 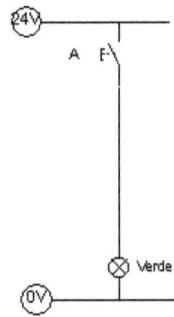

Elemento nulo

El 0 (cero) es el elemento nulo del producto y el 1 (uno) es el elemento nulo de la suma.

- *De la suma* $A + 1 = 1$

A	1	A+1=1
0	1	1
1	1	1

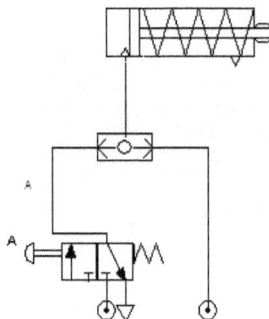 

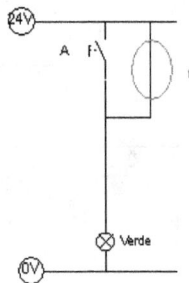 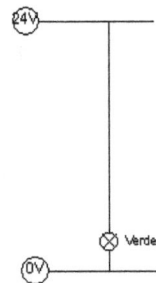

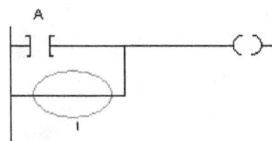 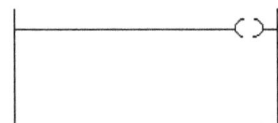

Del producto   A . 0 = 0

A	0	A . 0 = 0
0	0	0
1	0	0

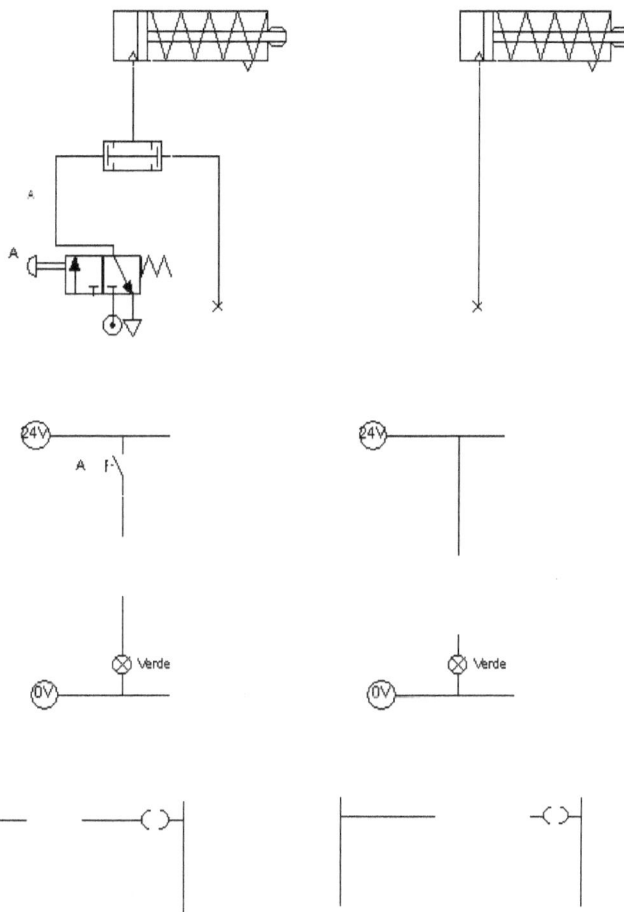

Propiedad de equipotencia

En las siguientes propiedades no aumenta el valor/potencia de la variable, de ahí su nombre

De la suma   A + A = A

A	A	A+A =A
0	0	0
1	1	1

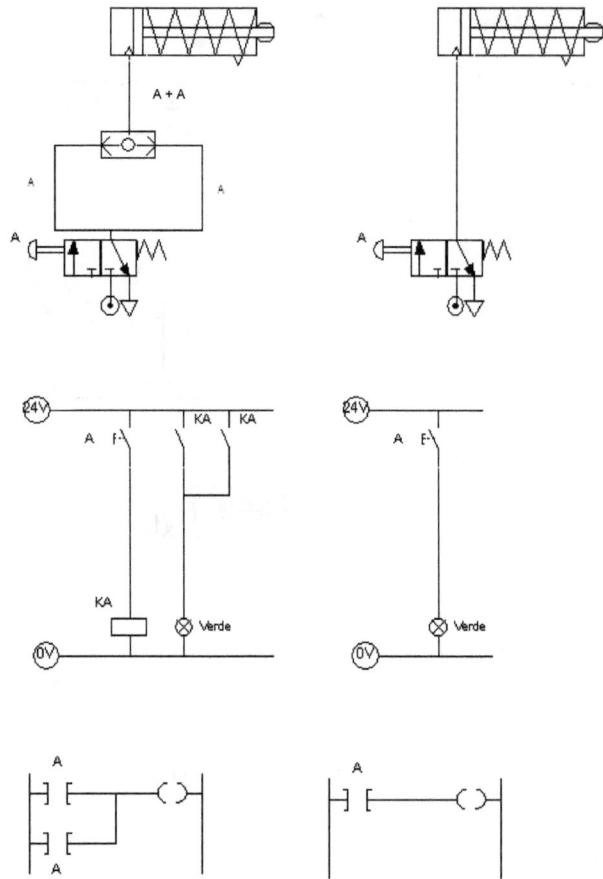

Ejercicio: El sistema eléctrico de la figura está regido por la ecuación lógica que se incida:

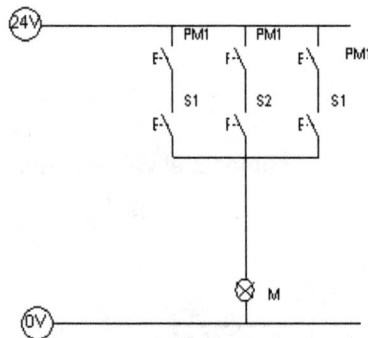

$$M = PM1 \cdot S1 + PM1 \cdot S2 + PM1 \cdot S1$$

Realizar la depuración (Simplificación) del circuito tanto en su expresión lógica como del esquema

$$M = PM1 \cdot S1 + PM1 \cdot S2 + PM1 \cdot S1$$

$$=$$

$$M = PM1 \cdot S1 + PM1 \cdot S2$$

$$M = PM1 (S1 + S2)$$

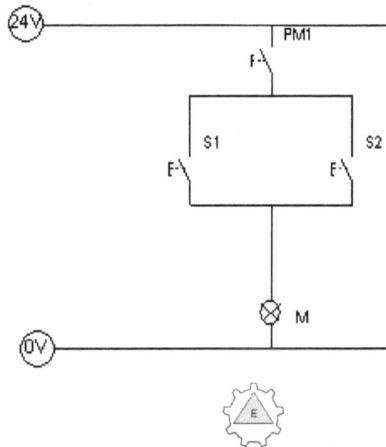

Ejercicio propuesto: El sistema neumático de la figura está regido por la ecuación que se indica:

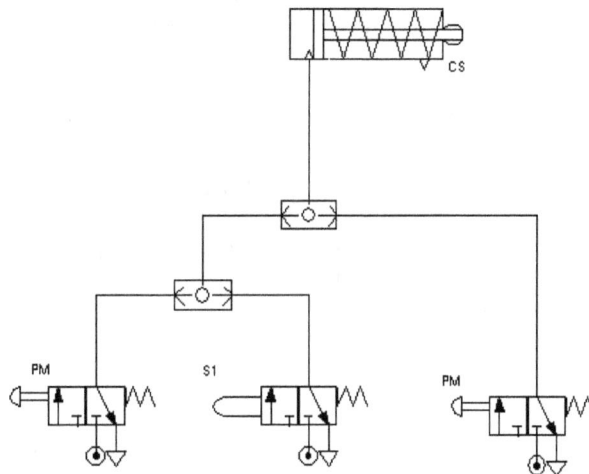

$$M = PM + S1 + PM$$

Realizar la depuración (Simplificación) del circuito tanto en su expresión lógica como del esquema

Del producto $A . A = A$

A	A	A. A =A
0	0	0
1	1	1

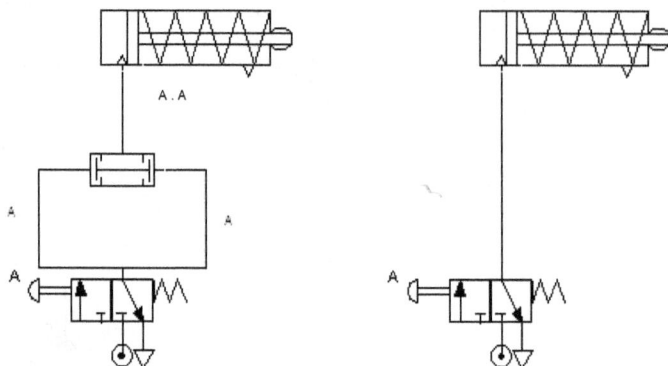

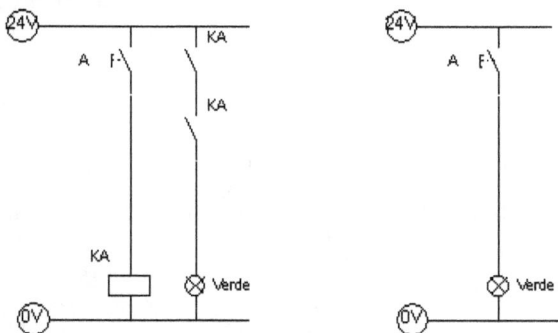

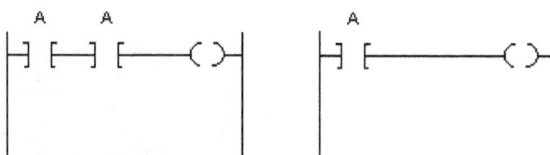

Ejercicio: El esquema eléctrico de la figura representa la ecuación lógica siguiente:

$$M = PM (S1 + PM1) + PM2 . S2$$

Depurar tanto el esquema eléctrico como la expresión lógica

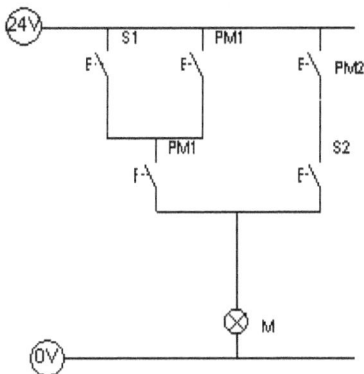

$$M = PM1 . S1 + \underbrace{PM1.PM1}_{PM1} + PM2.S2 = PM1 . S1 + PM1 + PM2.S2 = PM1 (\underbrace{S1 + 1}_{1}) + PM2.S2$$

$$M = PM1 + PM2. S2$$

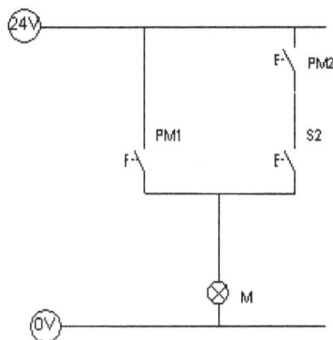

Ejercicio propuesto: El esquema neumático de la figura representa la ecuación lógica siguiente:

$$CS = PM (S1 + PM) + S2$$

Depurar tanto el esquema neumático como la expresión lógica

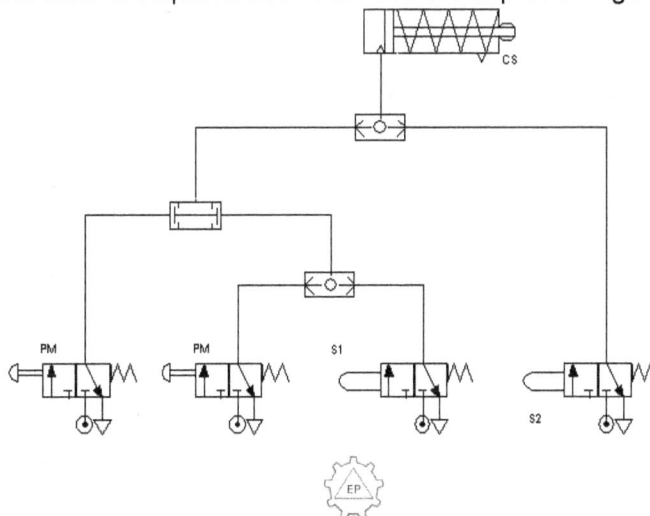

Además, en una igualdad se cumple que:

$$S = (A + B) . C$$

y negando ambos términos el equivalente sería :

$$S' =((A + B). C)'$$

$\equiv$

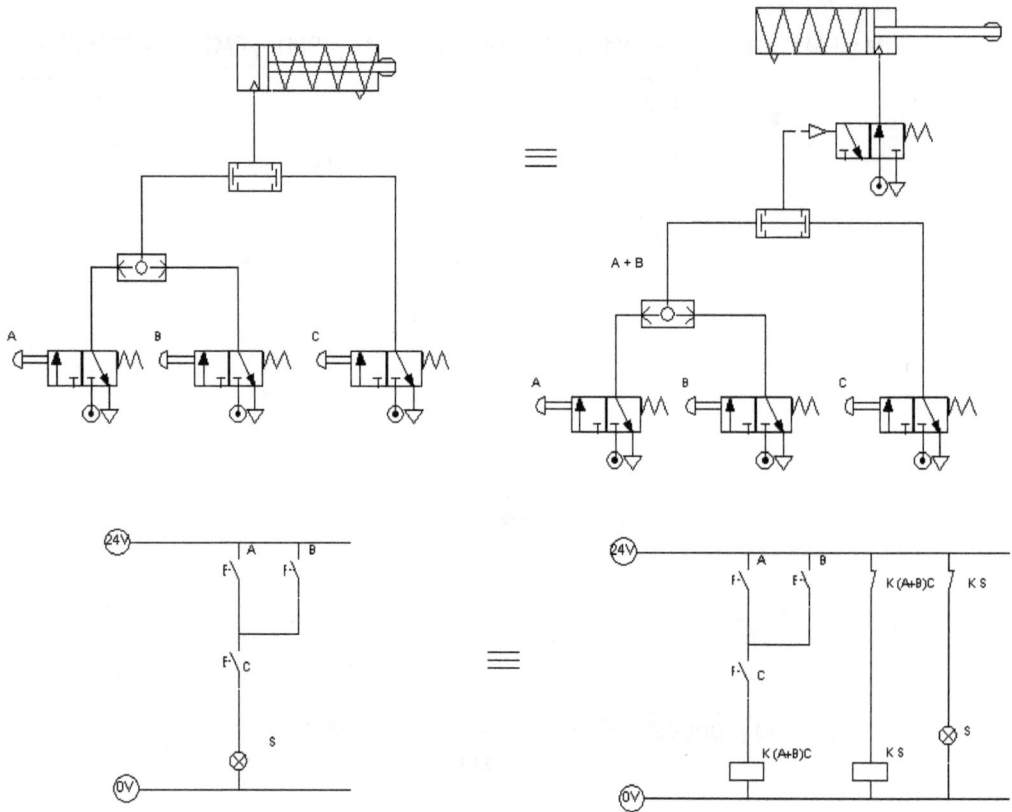

Teorema de la absorción

- *De la suma* $A + A . B = A$

Algebraicamente, sacando factor común a la expresión, tenemos:

$$A (\underbrace{1 + B}_{1}) = A$$

y también, mediante tabla de la verdad vemos que:

A	B	A.B	A+A.B
0	0	0	0
0	1	0	0
1	0	0	1
1	1	1	1

=

Luego $A + A . B = A (\underbrace{1 + B}_{1}) = A$

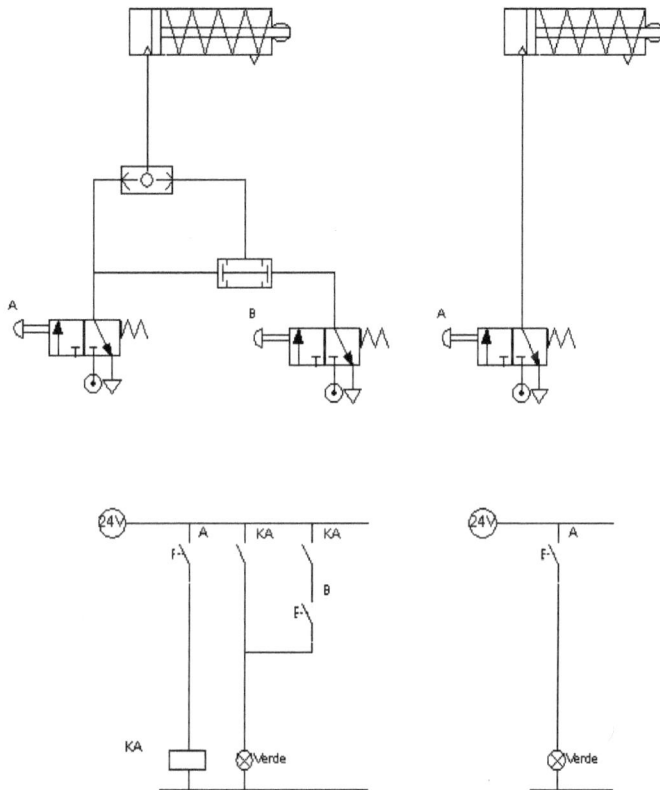

- *Del producto* $A (A + B) = A$

Algebraicamente, desarrollando el paréntesis y posteriormente sacando factor común de la expresión, tenemos:

$$A . A + A . B = A + A . B = A (\underbrace{1 + B}_{1}) = A$$

y también, mediante tabla de la verdad tenemos que:

A	B	A + B	A(A+B)
0	0	0	0
0	1	1	0
1	0	1	1
1	1	1	1

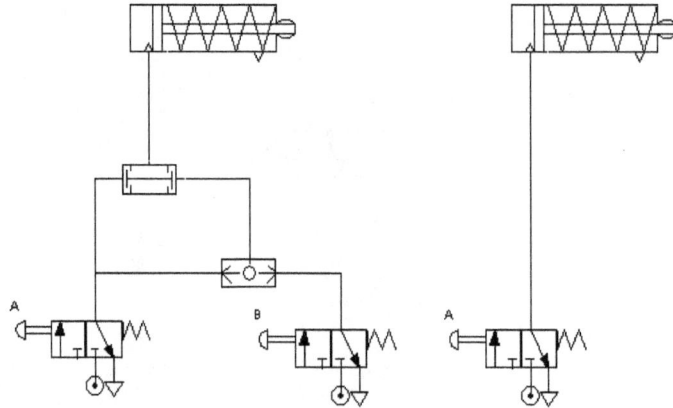

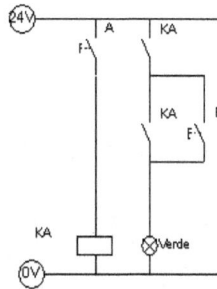

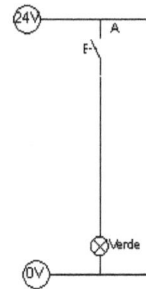

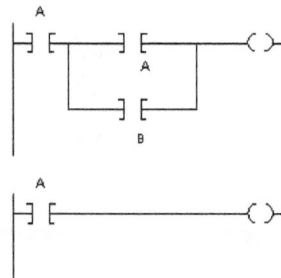

=

Ejercicio: El esquema eléctrico de la figura se rige por la siguiente ecuación lógica:

$$M = (X + Y + Z) Z + W$$

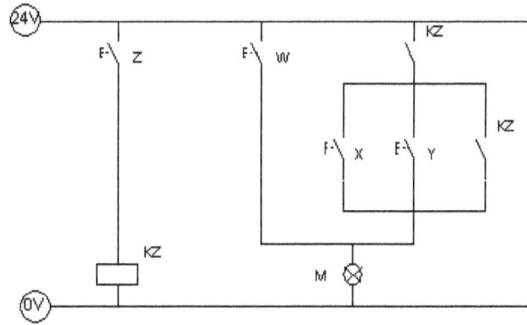

Depurar tanto el esquema del circuito como la expresión que lo representa

Procediendo algebraicamente tendremos:

$$M = (X + Y + Z)Z + W = XZ + YZ + \underbrace{ZZ}_{Z} + W = XZ + \underbrace{YZ + Z}_{} + W = Z\underbrace{(X + Y + 1)}_{1} + W = Z + W$$

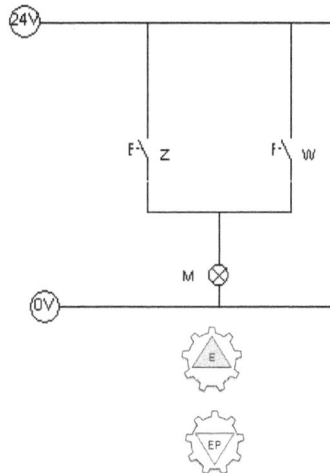

Ejercicio propuesto: El esquema neumático de la figura se rige por la siguiente ecuación lógica: $S = a_0 (a_0 + S1) + PM$

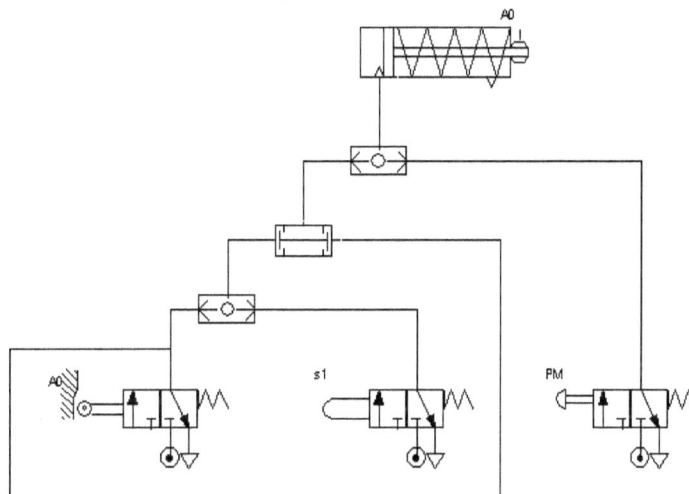

Depurar tanto el esquema del circuito como la expresión que lo representa

Teorema de la absorción del complementario

- De la suma $A + A`. B = A + B$

Algebraicamente teniendo presente el teorema de absorción de la suma, esto es: $A + A . B = A$, aplicándolo a la expresión y sacando factor común, tendremos:

$$\underbrace{A + A . B}_{A} + A`. B = A + B \underbrace{( A + A`)}_{1} = A + B$$

y también, mediante tabla de la verdad tenemos que

A	B	A`	A`. B	A+A`B	A+B
0	0	1	0	0	0
0	1	1	1	1	1
1	0	0	0	1	1
1	1	0	0	1	1

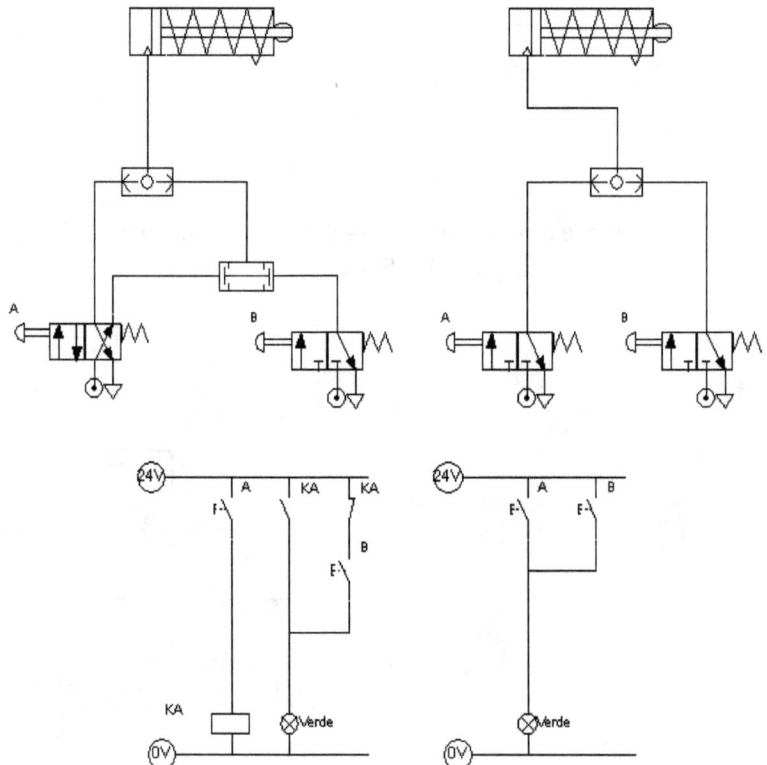

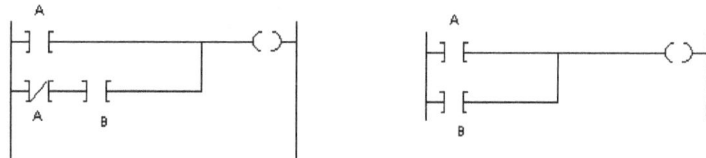

Ejercicio: Confirmar que los expresiones/circuitos que se indican son equivalentes.

Realizar dicha confirmación mediante estrategia algebraica boliana y confirmarlo también mediante la correspondiente tabla de la verdad de las expresiones indicadas

$$CS = S1 + S2' \, PM + S2 \qquad\qquad\qquad CS = S1 + S2 + PM$$

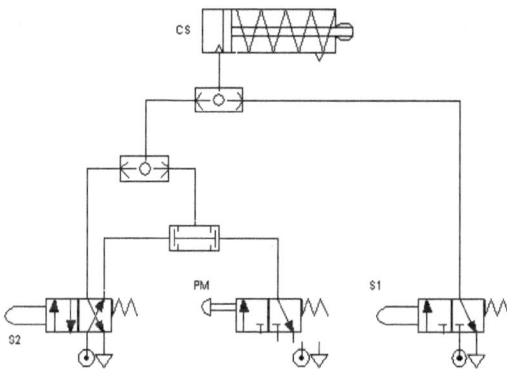

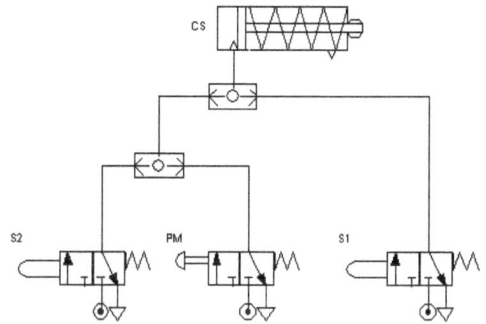

Por el teorema de absorción de la suma tenemos que $\quad S2 = S2 + S2 \, PM$

$$S2 \, (1 + PM)$$

y aplicándolo a la primera de las expresiones:

$$CS = S1 + S2' \, PM + S2 + S2 \, PM = S1 + S2 + PM \, (S2' + S2)$$

$$1$$

así que :

$$CS = S1 + S2 + PM$$

luego ambas expresiones/circuitos son equivalentes

La tabla de la verdad, también confirma la equivalencia de ambas expresiones

S1	S2	PM	S2`	S2`PM	S1 +S2' PM+S2	S1+S2+PM
0	0	0	1	0	0	0
0	0	1	1	1	1	1
0	1	0	0	0	1	1
0	1	1	0	0	1	1
1	0	0	1	0	1	1
1	0	1	1	1	1	1
1	1	0	0	0	1	1
1	1	1	0	0	1	1

Ejercicio propuesto: Confirmar que los expresiones/circuitos que se indican son equivalentes.

Realizar dicha confirmación algebraicamente y confirmarlo también mediante la correspondiente tabla de la verdad de las expresiones indicadas

$$M = (X + X' Y) Z \qquad\qquad M = (X + Y) Z$$

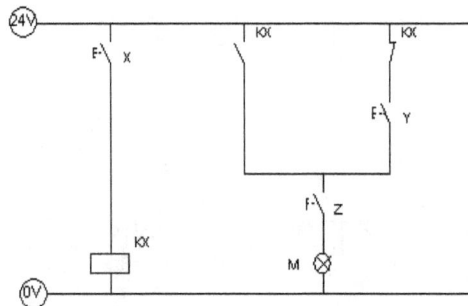 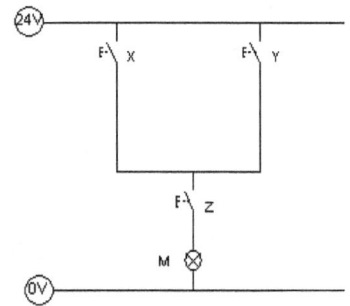

- Del producto $\qquad A (A` + B) = A . B$

algebraicamente, desarrollando el paréntesis de la expresión, obtendremos:

$$A . A` + A . B = A . B$$
$$\underbrace{\qquad}_{0}$$

y también, mediante tabla de la verdad tenemos que

A	B	A`	A`+ B	A(A`+B)	A.B
0	0	1	1	0	0
0	1	1	1	0	0
1	0	0	0	0	0
1	1	0	1	1	1

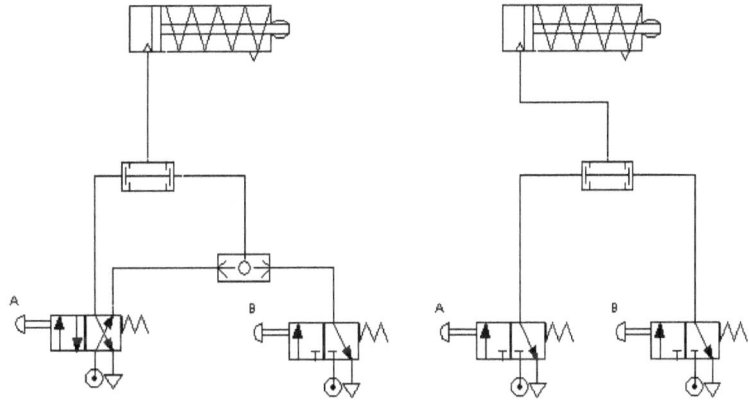

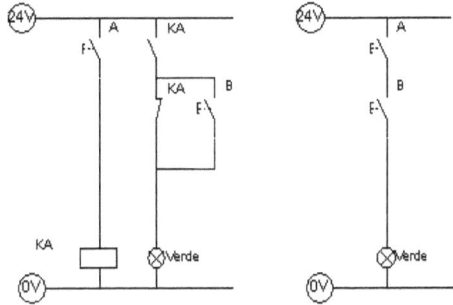

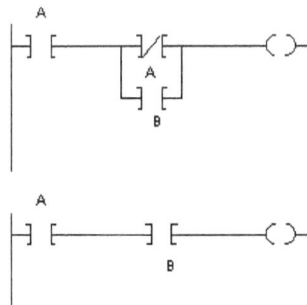

Ejercicio : Confirmar algebraicamente y mediante tabla de la verdad que el circuito de la figura superior, que está regido por la siguiente expresión

$$M = (Y + Z (Z' + W)) X Y'$$

puede ser sustituido por el circuito representado en el esquema inferior

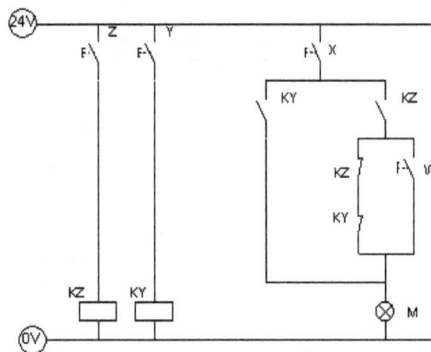

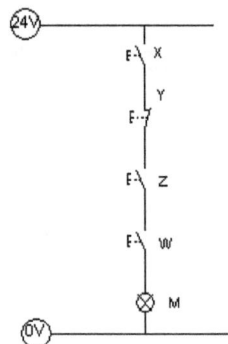

$$M = (Y + Z(Z' + W)) XY' = (Y + ZZ' + ZW) XY' = (Y + ZW) XY' = YXY' + ZWXY' = ZWXY'$$

X	Y	Z	W	Z'	Y'	Z'+W	XY	Z(Z' + W)	Y+Z(Z'+W)	(Y+Z(Z'+W)) XY'	ZWXY'
0	0	0	0	1	1	1	0	0	0	0	0
0	0	0	1	1	1	1	0	0	0	0	0
0	0	1	0	0	1	0	0	0	0	0	0
0	0	1	1	0	1	1	0	1	1	0	0
0	1	0	0	1	0	1	0	0	1	0	0
0	1	0	1	1	0	1	0	0	1	0	0
0	1	1	0	0	0	0	0	0	1	0	0
0	1	1	1	0	0	1	0	1	1	0	0
1	0	0	0	1	1	1	1	0	0	0	0
1	0	0	1	1	1	1	1	0	0	0	0
1	0	1	0	0	1	0	1	0	0	0	0
1	0	1	1	0	1	1	1	1	1	1	1
1	1	0	0	1	0	1	0	0	1	0	0
1	1	0	1	1	0	1	0	0	1	0	0
1	1	1	0	0	0	0	0	0	1	0	0
1	1	1	1	0	0	1	0	1	1	0	0

Ejercicio propuesto : Confirmar algebraicamente y mediante tabla de la verdad que el circuito neumático de la figura superior, que está regido por la siguiente expresión,

$$CS = PM1 + S1 (S1' + PM2)$$

puede ser sustituido por el circuito representado en el esquema inferior

Teorema de simplificación $A . B' + A . B = A$

Está basado en el elemento neutro de un producto. Sacando factor común de la expresión tenemos que:

$$A (\underbrace{B' + B}_{1}) = A \qquad \text{y también mediante la t.v. tenemos}$$

A	B	B`	B`+ B	A(B`+B)
0	0	1	1	0
0	1	0	1	0
1	0	1	1	1
1	1	0	1	1

=

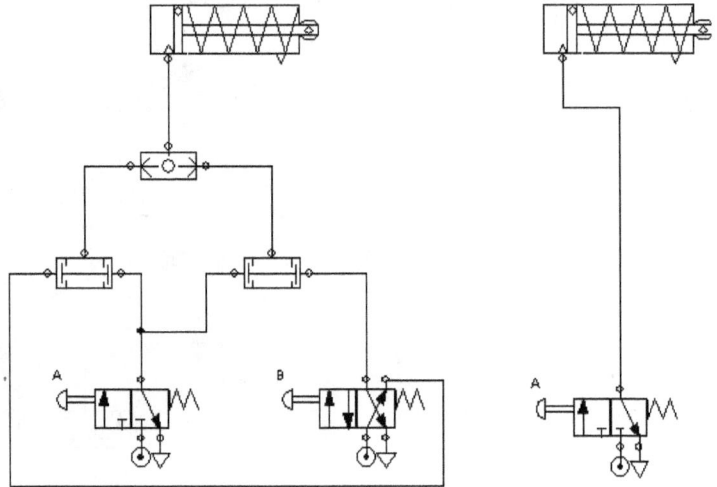

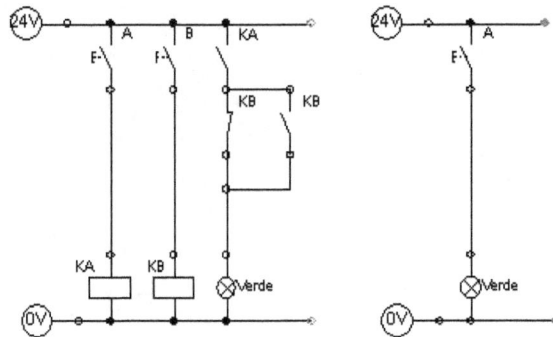

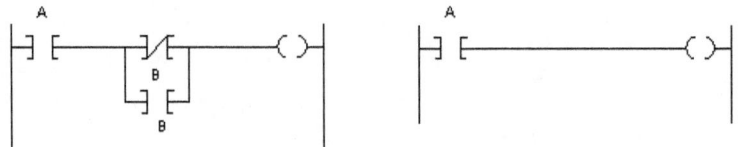

Teoremas de Morgan (Ley de equivalencia)

Permiten trasformar ecuaciones suma en ecuaciones productos y viceversa

- De la suma $(A + B)` = A` . B´$

A	B	A+B	(A+ B)`	A´	B`	A`. B´
0	0	0	1	1	1	1
0	1	1	0	1	0	0
1	0	1	0	0	1	0
1	1	1	0	0	0	0

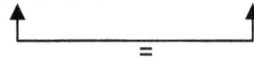

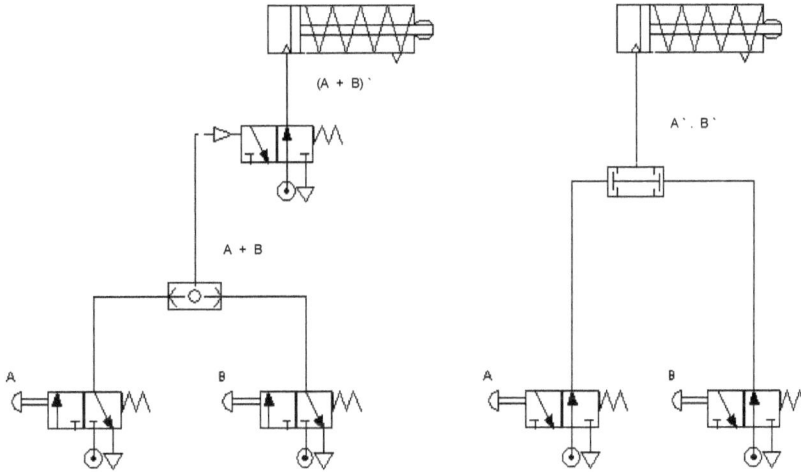

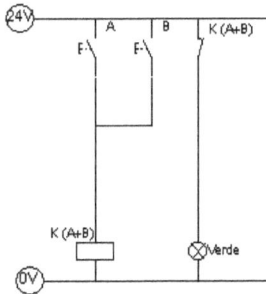

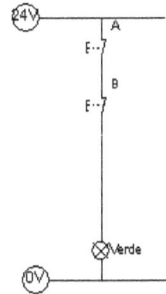

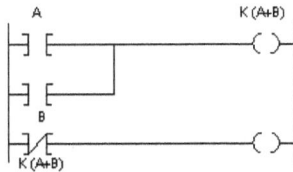

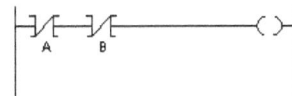

=

(A + B) `

A + B

A`. B`

A   B

24V   A   B   K (A+B)

F·\   F-\

K (A+B)

K (A+B)   ⊗Verde

0V

24V   A

F··\

B

F··\

⊗Verde

0V

A   K (A+B)

B

K (A+B)

A   B

- *Del producto* $(A . B)` = A` + B´$

A	B	A.B	(A. B)`	A´	B`	(A+B)´
0	0	0	1	1	1	1
0	1	0	1	1	0	1
1	0	0	1	0	1	1
1	1	1	0	0	0	0

=

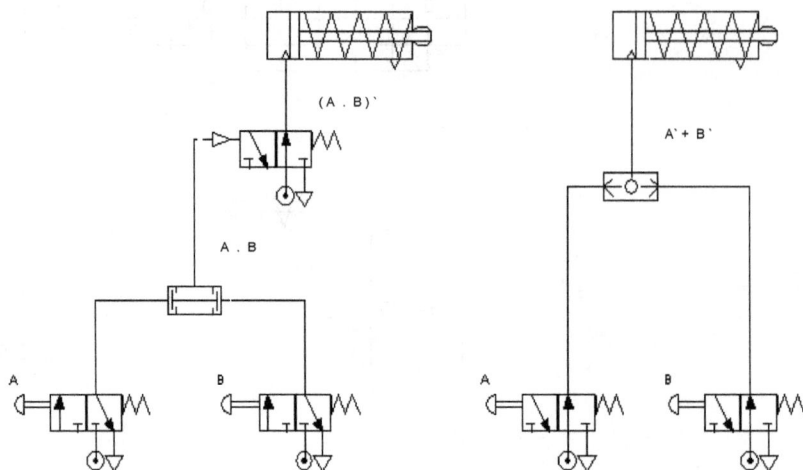

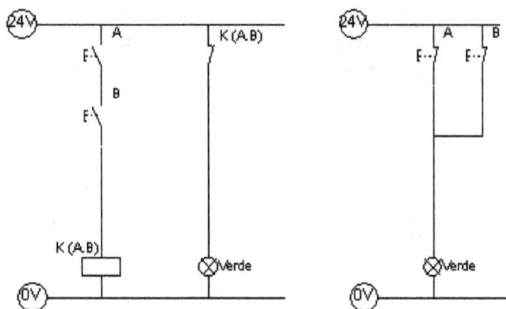

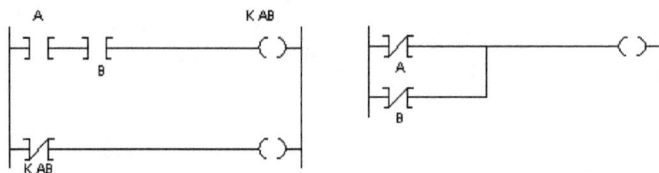

Ejercicio: Confirmar algebraicamente y mediante tabla de la verdad la equivalencia entre los esquemas neumáticos de la figura, estando regidos cada uno por la ecuación lógica que se indica

$$CS = PM\ (\ S3\ +\ S1\ S2\ )\ '$$

$$CS = PM\ S3'\ (\ S1'\ +\ S2'\ )$$

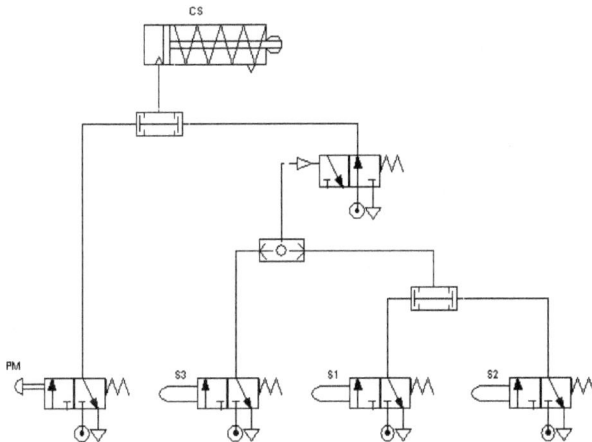

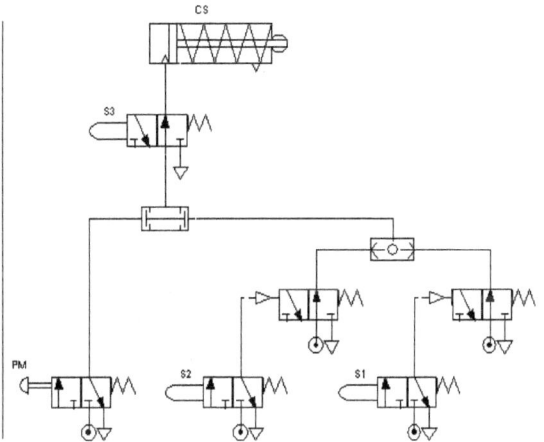

Algebraicamente tenemos que:

$$CS = PM\ (\ S3\ +\ S1\ S2\ )\ ' \ =\ PM\ (S3'\ .\ (S1\ S2\ )\ '\ ) = PM\ S3'\ (S1'\ +\ S2')$$

PM	S1	S2	S3	S1'	S2'	S3'	S1 S2	S1 S2+S3	(S1 S2+S3)'	*PM(S3 +S1 S2)'*	S1'+ S2'	*PM S3' (S1'+ S2')*
0	0	0	0	1	1	1	0	0	1	*0*	1	*0*
0	0	0	1	1	1	0	0	1	0	*0*	1	*0*
0	0	1	0	1	0	1	0	0	1	*0*	1	*0*
0	0	1	1	1	0	0	0	1	0	*0*	1	*0*
0	1	0	0	0	1	1	0	0	1	*0*	1	*0*
0	1	0	1	0	1	0	0	1	0	*0*	1	*0*
0	1	1	0	0	0	1	1	1	0	*0*	0	*0*
0	1	1	1	0	0	0	1	1	0	*0*	0	*0*
1	0	0	0	1	1	1	0	0	1	*1*	1	*1*
1	0	0	1	1	1	0	0	1	0	*0*	1	*0*
1	0	1	0	1	0	1	0	0	1	*1*	1	*1*
1	0	1	1	1	0	0	0	1	0	*0*	1	*0*
1	1	0	0	0	1	1	0	0	1	*1*	1	*1*
1	1	0	1	0	1	0	0	1	0	*0*	1	*0*
1	1	1	0	0	0	1	1	1	0	*0*	0	*0*
1	1	1	1	0	0	0	1	1	0	*0*	0	*0*

$$=$$

Ejercicio propuesto: Obtener el esquema eléctrico de la siguiente expresión:

$$M = (\ Y\ Z\ )'\ +\ (W\ +\ X)'$$

Leyes de la trasposición

- *De la suma* $\qquad A.B + A´. C = (A + C)(A´ + B)$

A	B	C	A`	A.B	A`.C	A.B + A`.C	A+C	A`+B	(A+C)(A`+B)
0	0	0	1	0	0	0	0	1	0
0	0	1	1	0	1	1	1	1	1
0	1	0	1	0	0	0	0	1	0
0	1	1	1	0	1	1	1	1	1
1	0	0	0	0	0	0	1	0	0
1	0	1	0	0	0	0	1	0	0
1	1	0	0	1	0	1	1	1	1
1	1	1	0	1	0	1	1	1	1

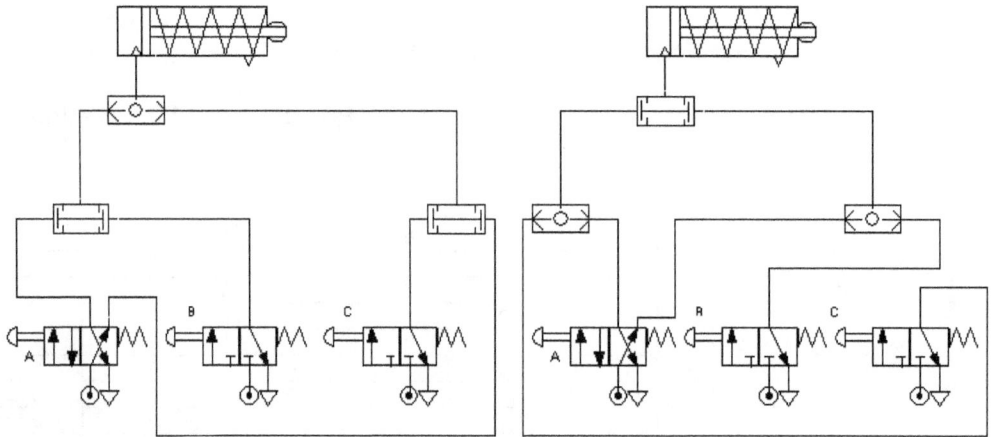

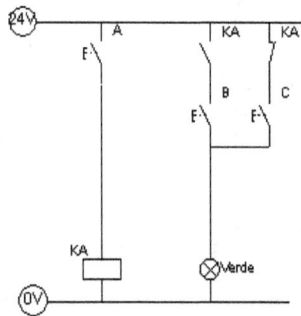

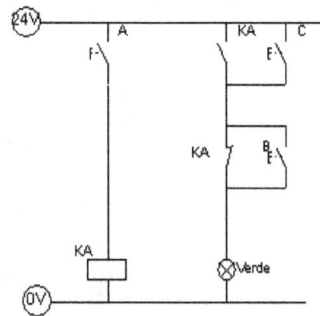

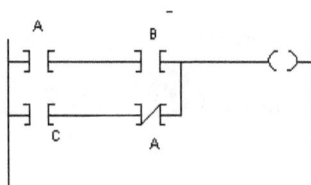

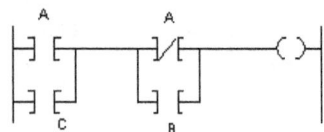

=

- Del producto $(A + B) . (A' + C) = A . C + A' . B$

A	B	C	A`	A+B	A`+C	(A+B)(A`+C)	A.C	A`. B	A.C + A`.B
0	0	0	1	0	1	0	0	0	0
0	0	1	1	0	1	0	0	0	0
0	1	0	1	1	1	1	0	1	1
0	1	1	1	1	1	1	0	1	1
1	0	0	0	1	0	0	0	0	0
1	0	1	0	1	1	1	1	0	1
1	1	0	0	1	0	0	0	0	0
1	1	1	0	1	1	1	1	0	1

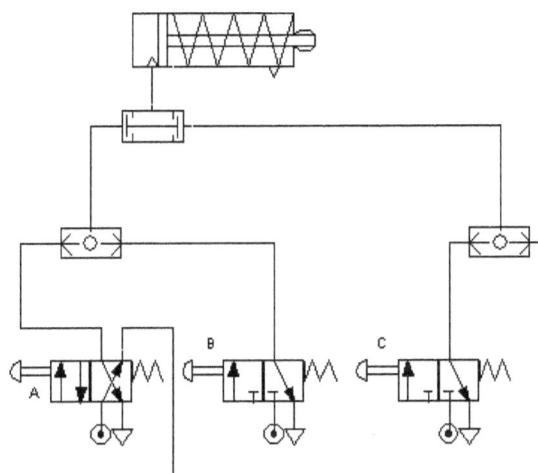

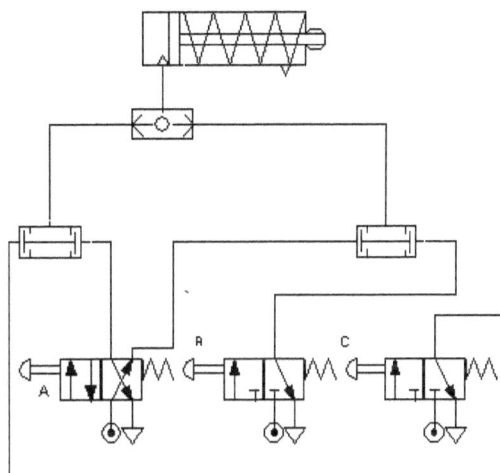

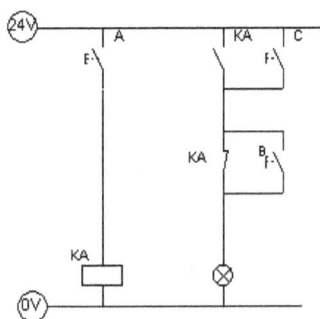

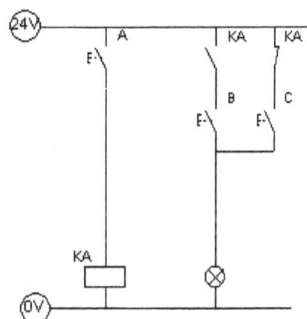

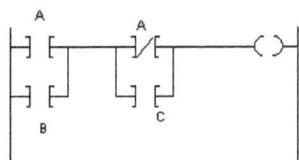

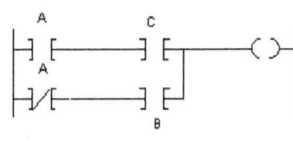

=

1.2.6.- Análisis, síntesis e implementación de expresiones lógicas

Mediante el análisis de una ecuación lógica, se puede determinar que combinaciones de las variables (señales) de entrada hacen que la función (Salida) valga 1 y en consecuencia obtener, partiendo de la misma, el circuito correspondiente, como se verá a continuación .

Pero en ocasiones, la ecuación lógica no está en forma canónica y se podría plantear además la duda si es la expresión simplificada (optimizada) para lo cual se hace necesario en primer lugar obtener su forma canónica para seguidamente proceder a su simplificación por alguna de las formas que se verán más adelante y constatar que es o no la expresión optimizada.

Una forma de hacer lo indicado, es configurar la ecuación por medio de una suma de productos en su forma canónica:

(*) Al final del apartado se describe otro procedimiento operativo para la obtención de la forma canónica de una expresión lógica con falta de variables en alguno de sus términos

$$S = (A \; B + C) \, D`$$

Ausencia de la variable C ⟍ ⟋ Ausencia de las variables A y B

$$S = (A \; B \; D` ) + ( C \; D`)$$

multiplicando cada termino por los elementos neutros de las variables ausentes

$$S = A \; B \; D`\underbrace{(C + C`)}_{1} + \underbrace{(A + A´)}_{1}\underbrace{(B + B`)}_{1}(C \; D`)$$

$$S = A \; B \; D`C + A \; B \; D`C` + ( ACD´ + A´CD´ ) (B + B`)$$

$$S = A \; B \; C \; D` + A \; B \; C`D` + A \; B \; C \; D´ + A´B \; C \; D` + A \; B`C \; D´ + A` \; B` \; C \; D`$$

$$\underbrace{1 \; 1 \; 1 \; 0}_{14} \quad \underbrace{1 \; 1 \; 0 \; 0}_{12} \quad \underbrace{1 \; 1 \; 1 \; 0}_{14} \quad \underbrace{0 \; 1 \; 1 \; 0}_{6} \quad \underbrace{1 \; 0 \; 1 \; 0}_{10} \quad \underbrace{0 \; 0 \; 1 \; 0}_{2}$$

La salida S, valdrá 1, cuando alguno de los sumandos de esta última expresión valga 1, esto es, se cumpla alguna de estas combinaciones de las señales de entrada $\qquad \sum_4 (2, 6, 10, 12, 14)$

Pues bien, por medio de la síntesis (evaluación) de una ecuación lógica, convenientemente simplificada se puede implementar o construir, en la tecnología que se precise mediante los órganos (Operadores) lógicos oportunos dicha ecuación, que como hemos visto cubre las diferentes combinaciones de las variables de entrada en las que la salida toma el valor 1.

A la hora de manejar y trasformar expresiones lógicas debe tenerse en cuenta, al igual que en el álgebra ordinaria, la prioridad de los operadores con el siguiente orden:

1º) Paréntesis   2º) Negaciones   3º) Productos   4º) Sumas

A la vista de la ecuación S = (A B + C) D` y del esquema neumático de la siguiente figura, esquemática y funcionalmente hablando podemos decir que el cilindro S saldrá (S = 1), cuando no esté activado el pulsador D y lo estén el C o el A y el B, estos dos simultáneamente.

Así, si deseamos implementar en tecnología neumática la expresión lógica inicialmente planteada, tendríamos:

S = (A B + C) D`   Señal no activada = 0   Señal activada = 1

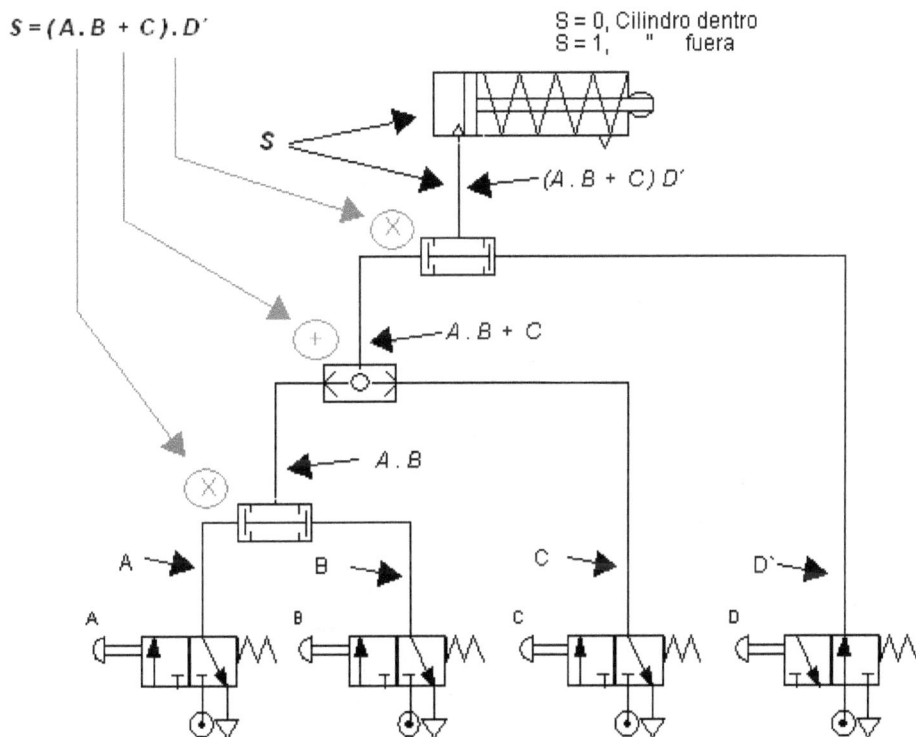

Si deseáramos implementar dicha ecuación en tecnología eléctrica, tendríamos el siguiente circuito:

S = 0, Luz apagada
S = 1, " encendida

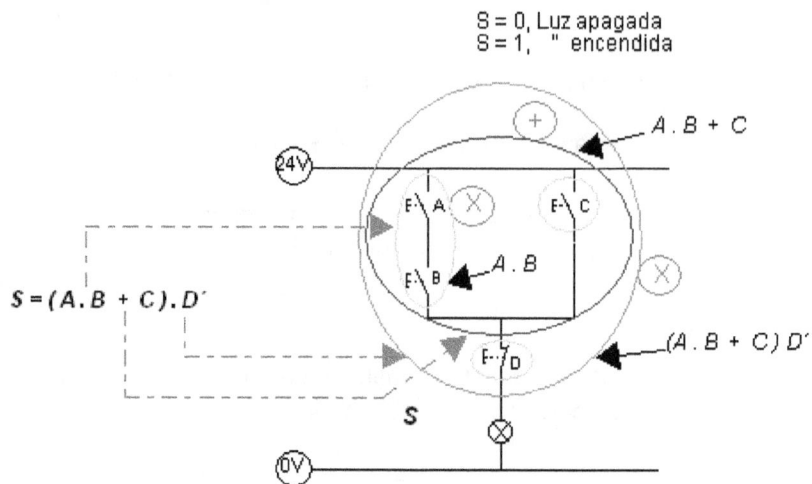

$S = (A.B + C).D'$

Si quisiéramos realizar dicha ecuación en tecnología electrónica, tendríamos el siguiente circuito:

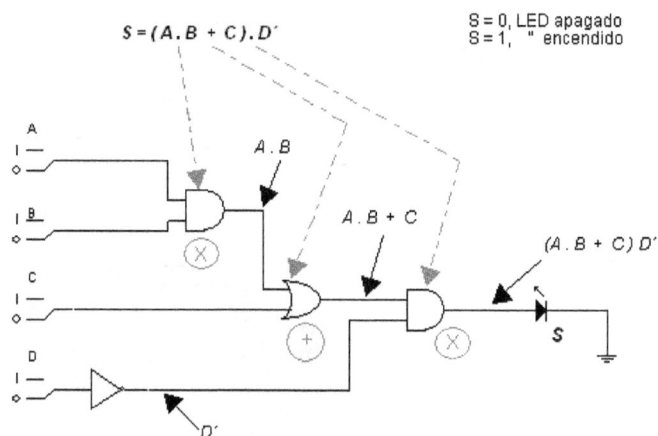

El esquema de contactos en tecnología para autómata programable (PLC) sería:

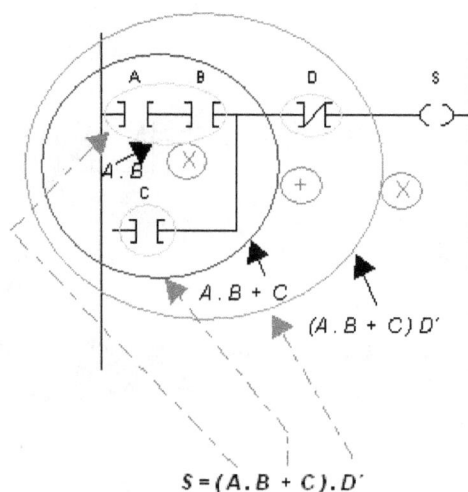

$S = (A.B + C).D'$

En el supuesto de partir de una expresión de maxitérminos en forma "no canónica", operaríamos de la siguiente forma:

Por ejemplo: $S = (A` + B) (A + C) (B + C)$

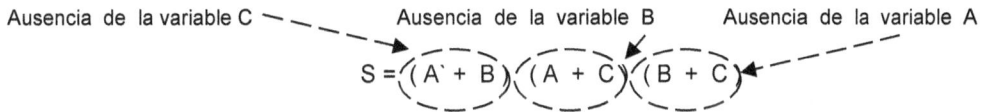

Ausencia de la variable C   Ausencia de la variable B   Ausencia de la variable A

$S = (A` + B) (A + C) (B + C)$

Sumando a cada maxitérmino los elementos neutros de las variables que le falten, tendríamos:

$$S = (A` + B + \underbrace{C . C`}_{0}) (A + \underbrace{B . B`}_{0} + C ) ( \underbrace{A . A`}_{0} + B + C)$$

aplicando la propiedad distributiva de la suma respecto al producto

$$x + y\,z = (x + y) (x + z)$$

$$S = (A` + B + C )( A` + B + C`)( A + B + C ) ( A + B` + C) (A + B + C) (A` + B + C)$$

agrupando términos repetidos, la ecuación lógica quedaría así:

$$S = (A` + B + C )( A` + B + C`)( A + B + C ) ( A + B` + C)$$

$$\underbrace{1\ \ 0\ \ 0}_{4} \quad \underbrace{1\ \ 0\ \ 1}_{5} \quad \underbrace{0\ \ 0\ \ 0}_{0} \quad \underbrace{0\ \ 1\ \ 0}_{2}$$

$$S_3 \prod (0 , 2 , 4 , 5)$$

Recordando que por medio de la síntesis (evaluación) de una ecuación lógica, convenientemente simplificada , se puede implementar, en la tecnología que se precise, mediante los órganos (operadores) lógicos oportunos, en el caso que nos ocupa, la ecuación

$$S = (A` + B) (A + C) (B + C)$$

que cubre las diferentes combinaciones de las variables de entrada en las que la salida toma valor 0.

Así, si deseamos implementarla en tecnología neumática, tendríamos:

S = 0, Cilindro dentro

S = 1, "   fuera

(A` + B) (A + C) (B + C)

(A` + B) (B + C)

(A` + B)   (B + C)   (A + C)

A   A`

A

B

C

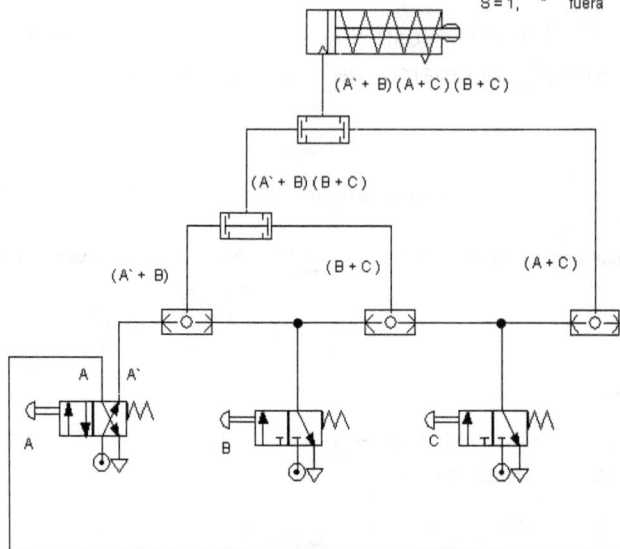

Si bien, se tratará la simplificación de ecuaciones lógicas más adelante, se indica aquí la misma así como la tabla de la verdad de la ecuación obtenida en la trasformación algebraica anterior

	A	B	C	S
0	0	0	0	0
1	0	0	1	1
2	0	1	0	0
3	0	1	1	1
4	1	0	0	0
5	1	0	1	0
6	1	1	0	1
7	1	1	1	1

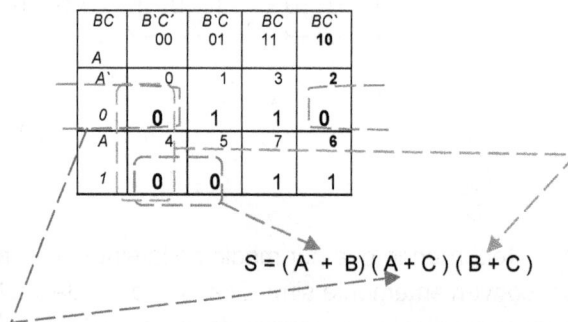

BC	B`C` 00	B`C 01	BC 11	BC` 10
A				
A`	0	1	3	2
0	**0**	1	1	**0**
A	4	5	7	6
1	**0**	**0**	1	1

S = (A` + B) (A + C) (B + C)

Si deseáramos implementar dicha ecuación en tecnología eléctrica, tendríamos el siguiente circuito

S = (A` + B) (A + C) (B + C) (*)

(*) La aparición de las señales (A,B,C) en más de un lugar de la expresión, implica la necesidad de pasarlas previamente por relé, para así poder implementarlas en los diferentes lugares en los que aparezcan mediante el respectivo contacto (Cerrado/abierto) de dicho relé, según proceda

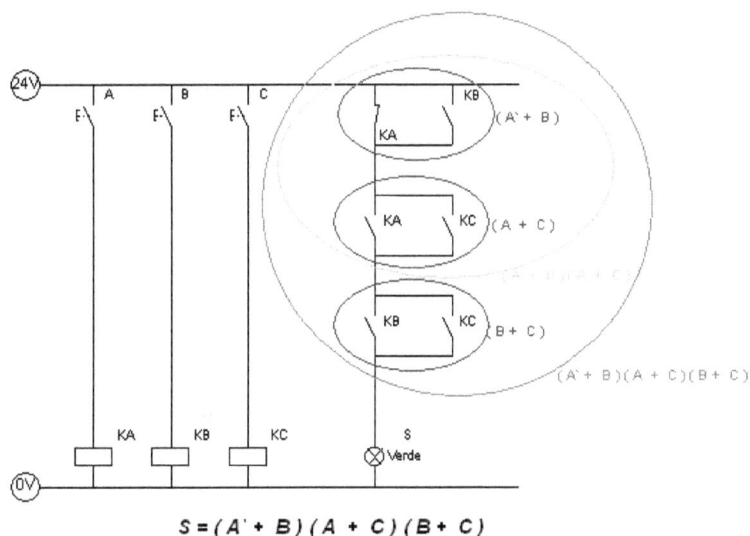

$$S = (A' + B)(A + C)(B + C)$$

Si quisiéramos realizar dicha ecuación en tecnología electrónica, tendríamos el siguiente circuito

$$S = (A' + B)(A + C)(B + C)$$

S = 0, LED apagado
S = 1, " encendido

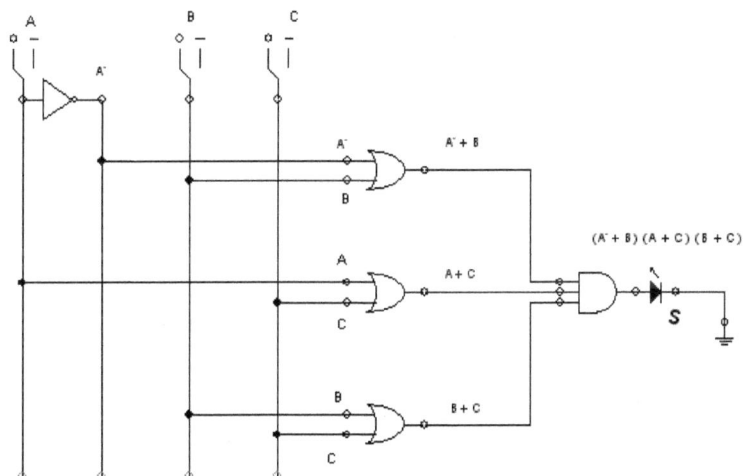

La implementación de la ecuación en tecnología para autómata programable, tendría el siguiente esquema de contactos:

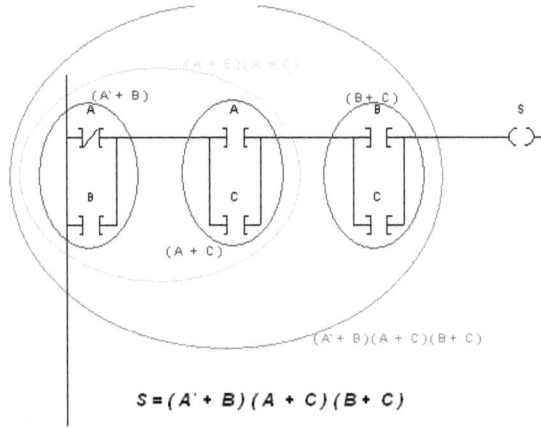

$$S = (A` + B) (A + C) (B + C)$$

A modo de prueba se realiza la siguiente comprobación:

Partiendo desde la tabla de la verdad o/y sabiendo que $S_3 \prod (0 , 2 , 4 , 5)$, podemos establecer que la expresión en forma de minitérminos sería

$$S_3 \sum (1 , 3 , 6 , 7)$$

BC A	B`C` 00	B`C 01	BC 11	BC` 10
A` 0	0 1	1 1	3 1	2 0
A 1	4 0	5 0	7 1	6 1

Se añade este término, al objeto de eliminar la indeterminación que se generaría ante la presencia de la variable A en forma directa y negada en la expresión A´C + A B

Las indeterminaciones serán vistas en el apartado 1.2.9

$$S = A`C + B C + A B$$

la expresión equivalente a la anterior sería $S = A`C + B C + A B`$, cuyo circuito es:

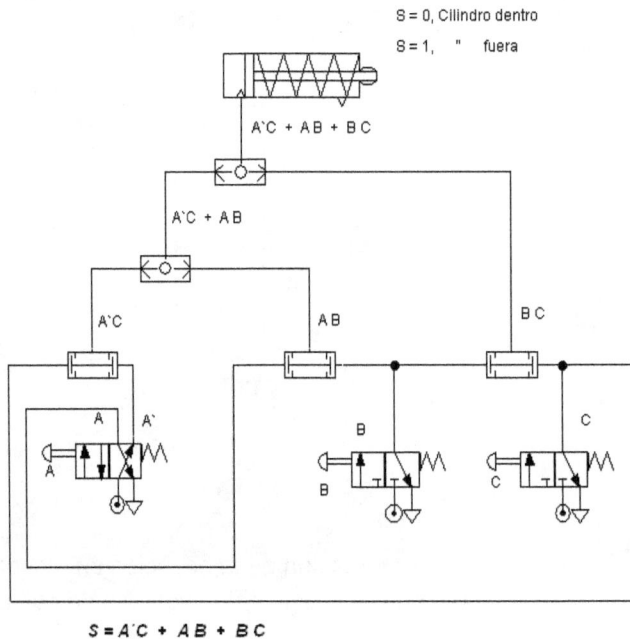

S = 0, Cilindro dentro
S = 1,   "   fuera

A`C + AB + BC

A`C + AB

A`C   AB   BC

$$S = A`C + AB + BC$$

El esquema eléctrico partiendo de la expresión equivalente en minitérminos sería:

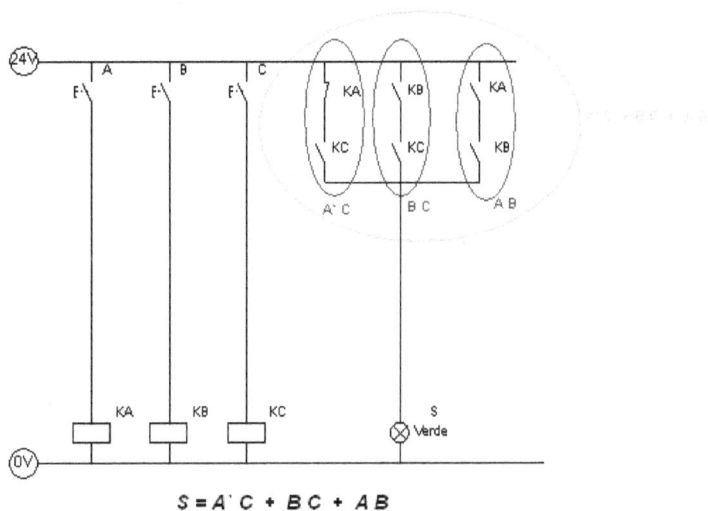

$$S = A'C + BC + AB$$

El esquema electrónico, partiendo de la expresión equivalente en minitérminos sería:

$$S = A'C + BC + AB$$

$$S = A'C + BC + AB$$

S = 0, LED apagado
S = 1,   " encendido

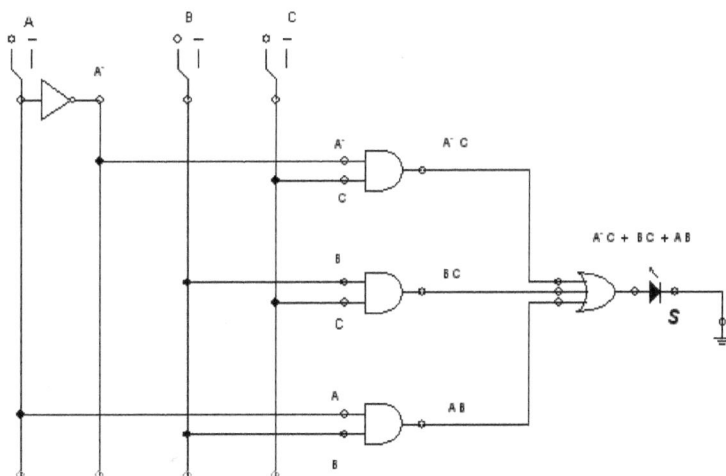

El esquema de contactos para autómata programable , partiendo de la expresión equivalente en minitérminos sería:

$$S = A^. C + BC + AB$$

Ejercicio: Implementar en tecnología neumática, eléctrica, electrónica y en esquema de contactos para PLC, la siguiente ecuación de mando de un sistema automático

$$R = (B + D) (A' + B') (A + C + D')$$

$S = (B + D).(A' + B').(A + C + D')$

S = 0, Cilindro dentro
S = 1, "   fuera

$$R = (B + D) . (A' + B') (A + C + D')$$

R = 0, Luz apagada
R = 1, " encendida

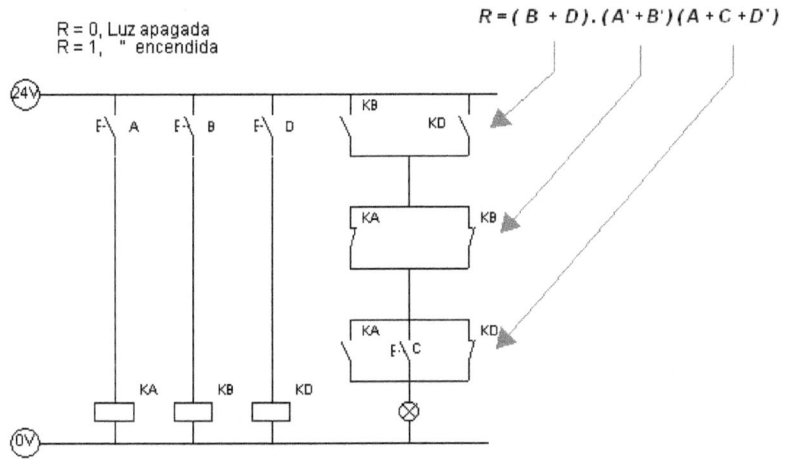

R = 0, LED apagado
R = 1, " encendido

$$S = (B + D) . (A' + B') (A + C + D')$$

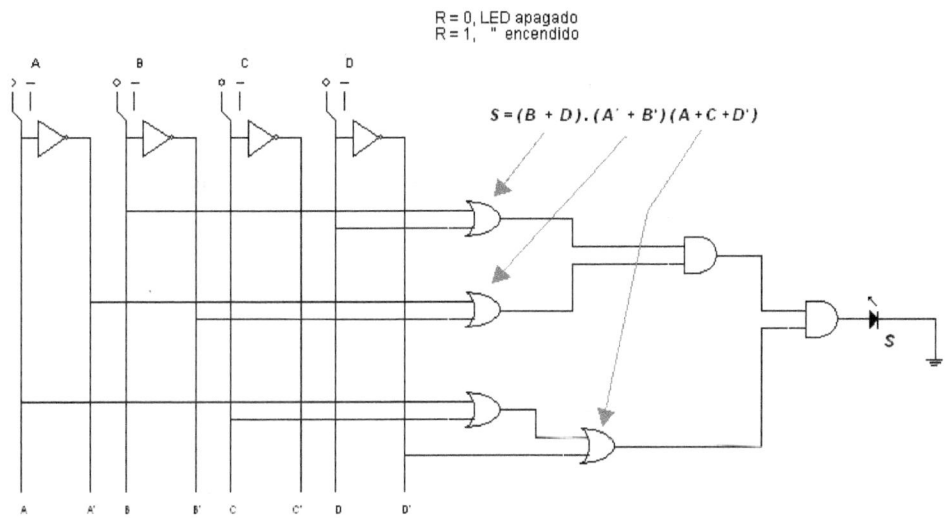

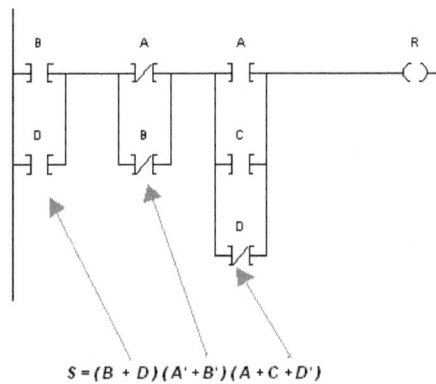

$$S = (B + D) (A' + B') (A + C + D')$$

Ejercicio propuesto: Implementar en tecnología neumática, eléctrica, electrónica y en esquema de contactos para PLC, la siguiente ecuación de mando de un sistema automático :

$$M = Z' \, W \, (Y + X)$$

Resumiendo, *el álgebra de Boole es un instrumento conciso para representar circuitos digitales mediante los operadores (Puertas/Configuraciones) lógicos oportunos, de manera que la activación de una salida está determinada por las combinaciones de las señales de entrada que la validan, según las especificaciones impuestas por la funcionalidad del sistema.*

Podría operarse también de forma inversa a la efectuada, esto es, partiendo de un circuito implementado en una tecnología concreta, obtener su ecuación lógica, para transformarlo en un circuito de otra tecnología.

Por ejemplo, suponiendo el circuito neumático de la figura, transformarlo en un circuito equivalente en tecnología eléctrica, electrónica y esquema de contactos para PLC

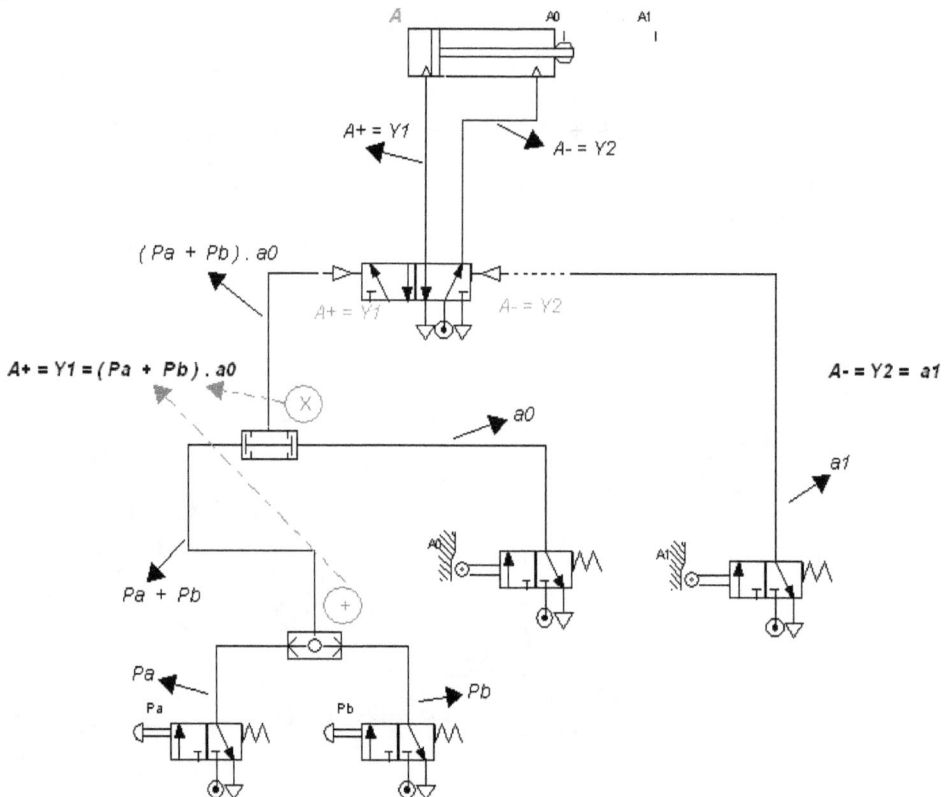

Cuyas ecuaciones de mando obtenidas del análisis del esquema son:

$$A+ = Y1 = (Pa + Pb) . a_0 \qquad y \qquad A - = Y2 = a_1$$

En tecnología eléctrica sería:

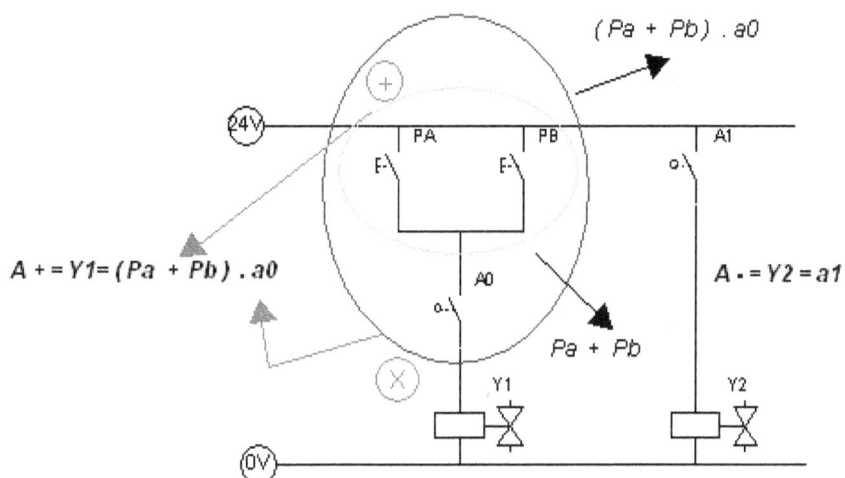

y en tecnología electrónica tendríamos

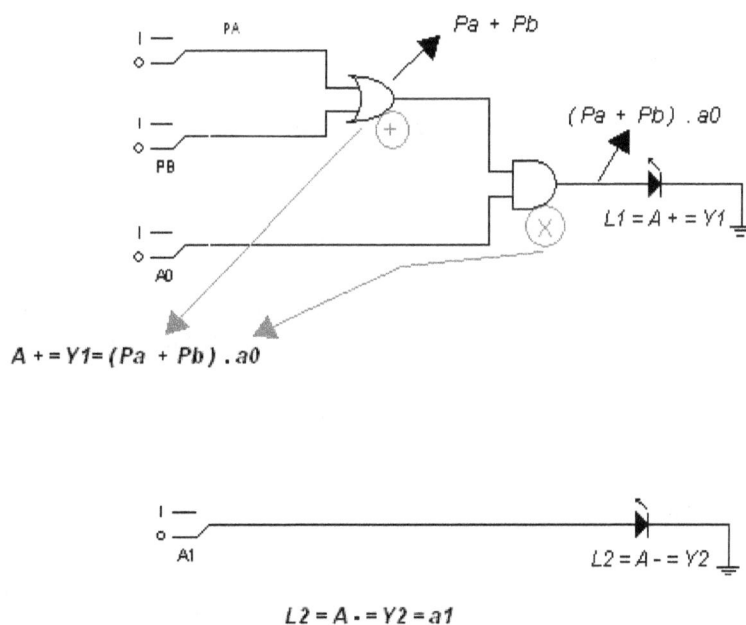

El esquema resultante en tecnología de contactos sería:

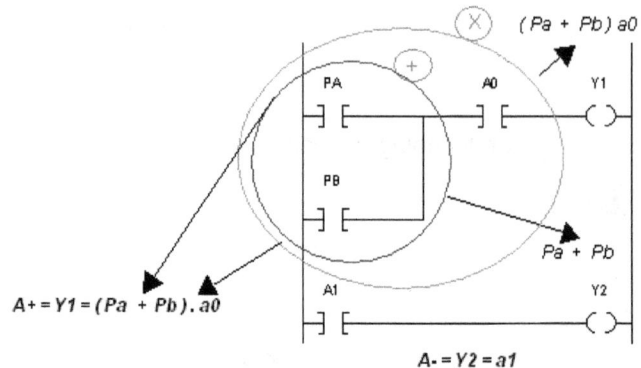

$$A+ = Y1 = (Pa + Pb) . a0$$

$$(Pa + Pb) a0$$

$$Pa + Pb$$

$$A- = Y2 = a1$$

Y más concretamente, supongamos que tenemos un determinado sistema implementado mediante un circuito en tecnología neumática "pura" y deseamos transformarlo en un mando electroneumático, pues bien, partiendo de aquel y en concreto de sus correspondientes ecuaciones lógicas de mando, podemos diseñar el correspondiente circuito electroneumático como se aprecia en el siguiente supuesto

Ejemplificación práctica

Un dispositivo de montaje de un subconjunto biela-pistón se utiliza para introducir un pasador de unión, para lo cual un cilindro de doble efecto (A), gobernando por una válvula 5/2 monoestable, que dispone de sendos finales de carrera (S2-S3) en las posiciones extremas de su recorrido, saldrá para sujetar los componentes (biela-pistón) al ser activado el pulsador de puesta en marcha (S1), de manera que cuando esté totalmente extendió, saldrá un segundo cilindro (B) similar al anterior , introduciendo el pasador en el subconjunto ya sujeto hasta alojarlo en su posición, que es detectada por otro final de carrera (S4) momento en el cual ambos cilindros regresaran a su posición de partida.

Debe asegurarse que un nuevo ciclo de trabajo no podrá comenzar hasta que el cilindro A llegue a su posición inicial

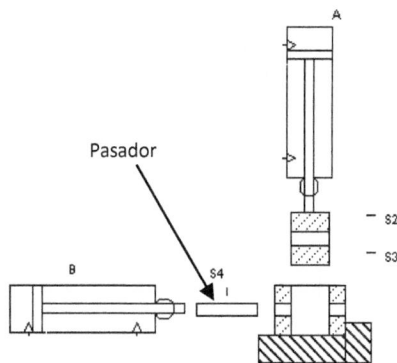

Pasador

El circuito está actualmente implementado en tecnología neumática pura;

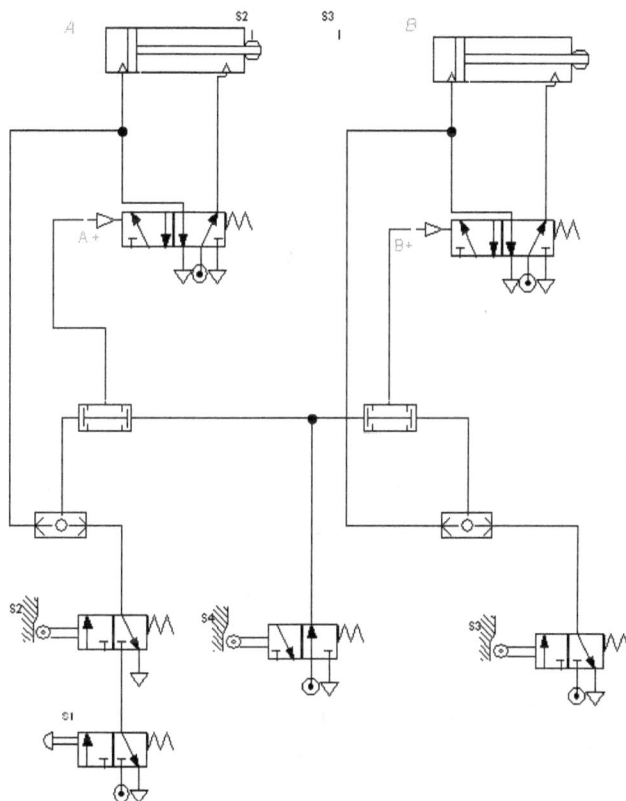

y se desea transformarlo para que el mando sea implementado con electroválvulas (lógica cableada), incluso se debe considerar la posibilidad de controlar el sistema mediante autómata programable

Análisis ecuacional (Grafo de secuencia y ecuaciones de mando)

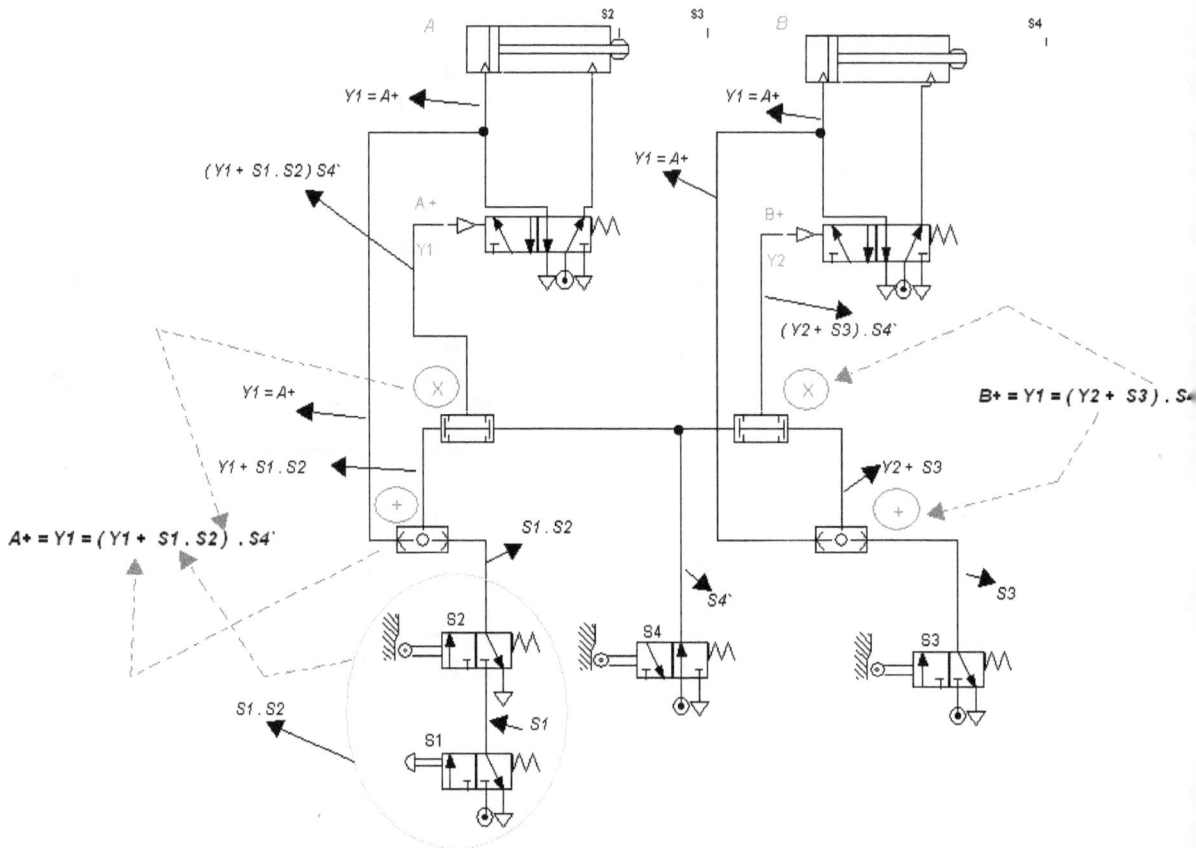

$$A+ = Y1 \qquad\qquad B+ = Y2$$

$$Y1 = (Y1 + S1 \times S2) \times S4\,' \qquad Y2 = (Y2 + S3) \times S4$$

$$A - = B - = \text{Muelle (Ausencia de señal A+,B+)}$$

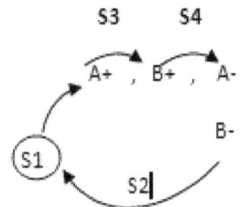

En consecuencia las ecuaciones de mando, desde las que partiremos para hacer los esquemas requeridos son:

$$A+ = Y1 = (Y1 + S1 . S2) . S4\,'$$

$$B+ = Y1 = (Y2 + S3) . S4\,'$$

La aparición de la señal S4 en más de una ocasión (lugar), implica la necesidad de pasar previamente esa señal por relé para así poder implementarla, en los diferentes lugares en las que aparezca, por el respectivo contacto (cerrado/abierto) de dicho relé según proceda

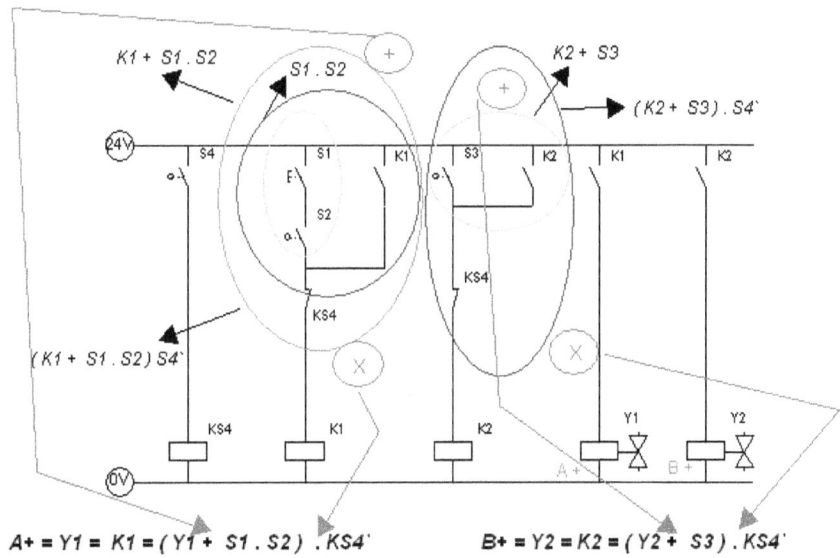

$$A+ = Y1 = K1 = (Y1 + S1 . S2) . KS4`$$

$$B+ = Y2 = K2 = (Y2 + S3) . KS4`$$

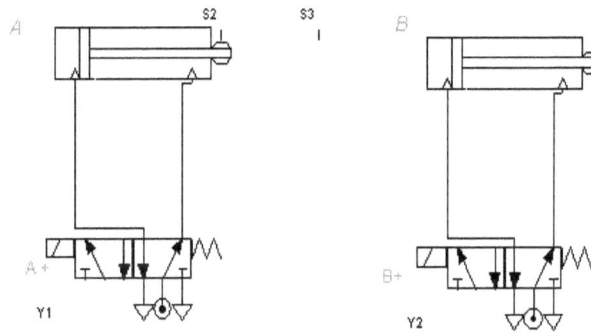

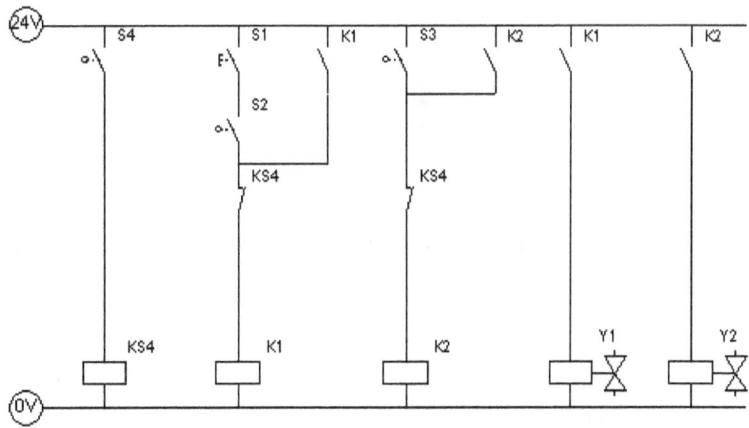

Para la consideración de controlar el sistema mediante autómata programable tendríamos:

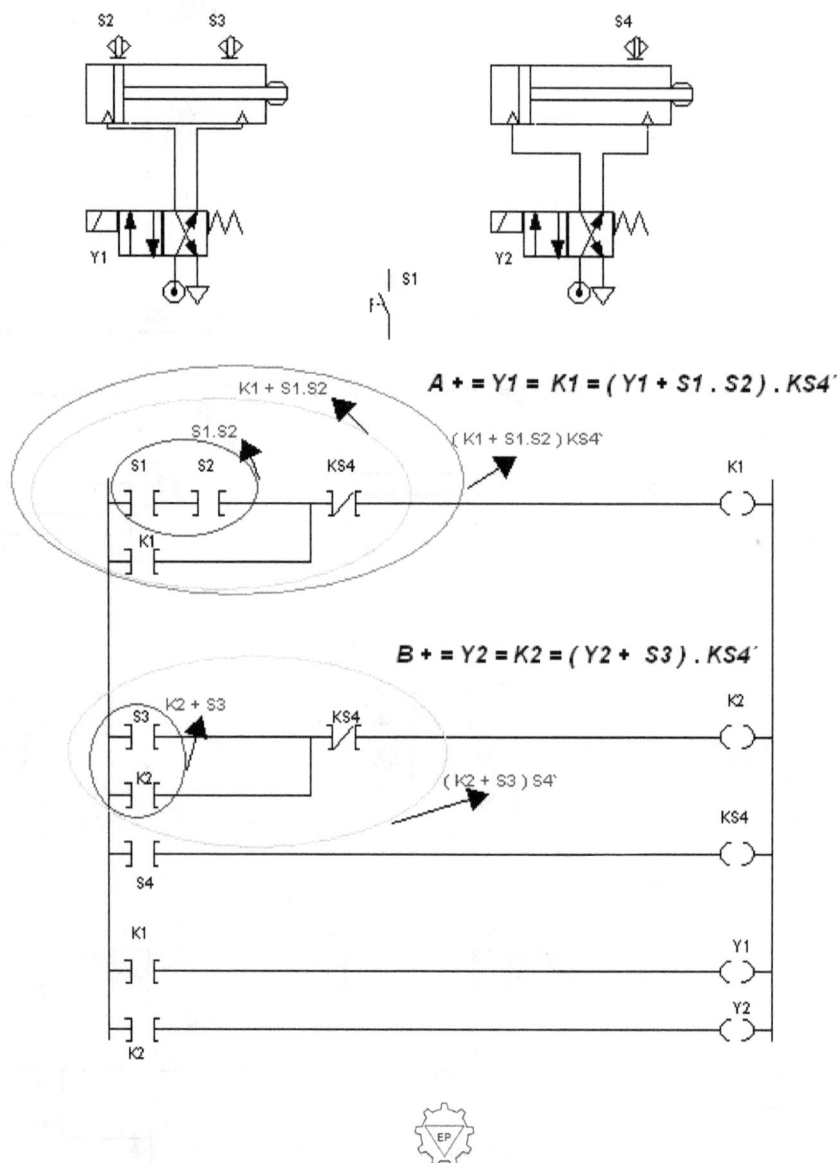

$$A + = Y1 = K1 = (Y1 + S1 . S2) . KS4'$$

$$B + = Y2 = K2 = (Y2 + S3) . KS4'$$

Ejercicio propuesto : Un dispositivo , está accionado por un cilindro neumático de doble efecto que es gobernado por una válvula distribuidora 5/2 biestable y que tiene la siguiente funcionalidad:

La salida del cilindro se consigue si se activa uno cualquiera de los dos pulsadores de salida S1 o S2, siempre y cuando no esté activado la seta de emergencia S3 (Pulsador con enclavamiento NC)

La entrada del cilindro se realiza únicamente si son activados simultáneamente el pulsador de entrada (S4) y el de confirmación de orden (S5)

El circuito está actualmente implementado en tecnología neumática pura y se desea transformarlo para que el mando sea implementado con electrovávulas (Lógica cableada), incluso se debe considerar la posibilidad de controlar el sistema mediante autómata programable

Como se señaló al comienzo de este apartado, existe otra forma operativa para transformar una función lógica a su forma canónica, la realizada a través del desarrollo numérico binario de sus términos.

Consideremos una ecuación lógica cuyo recorrido sea (X,Y,Z) y que para uno de sus términos X Y`, se quiere obtener su forma canónica, procederíamos así:

Escribimos dos veces el valor binario de las variables dadas, una añadiéndole un 0 (Cero) y otra añadiéndole un 1 (Uno), obteniendo de las mismas los términos canónicos correspondientes

$$X\,Y`.$$
$$\underbrace{\quad}$$
$$10\,. \longrightarrow \begin{matrix} 1\ 0\ 0 \\ \\ 1\ 0\ 1 \end{matrix} \implies \begin{matrix} X\ Y`\ Z` \\ \\ X\ Y`\ Z \end{matrix}$$

Si en la expresión antes citada, faltaran ahora dos variables, por ejemplo, partiendo de un término configurado como Y, duplicando el proceso descrito anteriormente para cada una de la variable que faltan, tendríamos:

$$.\ Y`.$$
$$\underbrace{\quad}$$
$$.\ 1\ . \longrightarrow \begin{matrix} 0\ 1\ 0 \\ 0\ 1\ 1 \\ 1\ 1\ 0 \\ 1\ 1\ 1 \end{matrix} \implies \begin{matrix} X`\ Y\ Z` \\ X`\ Y\ Z \\ X\ Y\ Z` \\ X\ Y\ Z \end{matrix}$$

El proceso de duplicación también se repetiría para el caso de ser tres las variables que falten en la ecuación lógica, por ejemplo:

Trasformar a su forma estándar (canónica) la siguiente expresión lógica :

$$Y`\ Z`\ +\ X\ +\ X\ Y\ Z`\ +X\ Y`\ Z\ W$$

$$Y´\,Z´ \;+\; X \;+\; X\,Y\,Z´ \;+\; X\,Y´Z\,W´$$

$$.\;0\;0\;.\qquad 1\;.\;.\;.\qquad 1\;1\;0\;.\qquad 1\;0\;1\;0$$

$X´\,Y´Z´\,W´$	$0\ 0\ 0\ 0$	$X\,Y´Z´\,W´$	$1\ 0\ 0\ 0$ (8)	$1\ 1\ 0\ 0$	$X\,Y\,Z´\,W´$
$X´\,Y´Z´\,W$	$0\ 0\ 0\ 1$	$X\,Y´Z´\,W$	$1\ 0\ 0\ 1$ (9)	$1\ 1\ 0\ 1$	$X\,Y\,Z´\,W$
$X\,Y´Z´\,W´$	$1\ 0\ 0\ 0$	$X\,Y´Z\,W´$	$1\ 0\ 1\ 0$ (10)		
$X\,Y´Z´\,W$	$1\ 0\ 0\ 1$	$X\,Y´Z\,W$	$1\ 0\ 1\ 1$ (11)		
		$X\,Y\,Z´\,W´$	$1\ 1\ 0\ 0$ (12)		
		$X\,Y\,Z´\,W$	$1\ 1\ 0\ 1$ (13)		
		$X\,Y\,Z\,W´$	$1\ 1\ 1\ 0$ (14)		
		$X\,Y\,Z\,W$	$1\ 1\ 1\ 1$ (15)		

Para el término que faltan tres variables, confirmamos el procedimiento descrito ahora con el desarrollado al comienzo del apartado:

$$X\,(Y + Y´)\,(Z + Z´)\,(W + W´) = (X\,Y + X\,Y´)\,(Z + Z´)\,(W + W´) = (X\,Y\,Z + X\,Y\,Z´ + X\,Y´Z + X\,Y´Z´)\,(W + W´) =$$

$$X\,Y\,Z\,W + X\,Y\,Z´W + X\,Y´Z\,W + X\,Y´Z´W + X\,Y\,Z\,W´ + X\,Y\,Z´W´ + X\,Y´Z\,W´ + X\,Y´Z´W´$$

$$\text{(15)}\qquad \text{(13)}\qquad \text{(11)}\qquad \text{(9)}\qquad \text{(14)}\qquad \text{(12)}\qquad \text{(10)}\qquad \text{(8)}$$

Ejercicio: Obtener la forma canónica de la ecuación $S = A\,B + C + B\,C\,D + A'\,B'\,C'\,D$ por el método descrito anteriormente

El recorrido de la ecuación es A,B,C,D , apreciándose que en el primer término de la ecuación faltan dos variables (C,D), en el segundo término faltan tres variables (A,B,D)) y en el tercero también falta una variable (A)

$$S = A\ B \quad + \quad C \quad + \quad B\ C\ D \quad + \quad A'\,B'\,C'\,D$$

$$1\ 1\ -\ - \qquad -\ -\ 1\ - \qquad -\ 1\ 1\ 1 \qquad 0\ 0\ 0\ 1$$

$1\ 1\ 0\ 0$ (12)	$0\ 0\ 1\ 0$ (2)	$0\ 1\ 1\ 1$ (7)
$1\ 1\ 0\ 1$ (13)	$0\ 0\ 1\ 1$ (3)	$1\ 1\ 1\ 1$ (15)
$1\ 1\ 1\ 0$ (14)	$0\ 1\ 1\ 0$ (6)	
$1\ 1\ 1\ 1$ (15)	$0\ 1\ 1\ 1$ (7)	
	$1\ 0\ 1\ 0$ (10)	
	$1\ 0\ 1\ 1$ (11)	
	$1\ 1\ 1\ 0$ (14)	
	$1\ 1\ 1\ 1$ (15)	

Luego la ecuación sería: $S = \sum_4 (2, 3, 6, 7, 10, 11, 12, 13, 14, 15)$

y su expresión canónica:

$S = A'B'CD' + A'B'CD + A'BCD' + A'BCD + AB'CD' + AB'CD + ABC'D' + A'BCD' + ABCD' + ABCD$

(2)	(3)	(6)	(7)	(10)	(11)	(12)	(13)	(14)	(15)
0 0 1 0	0 0 1 1	0 1 1 0	0 1 1 1	1 0 1 0	1 0 1 1	1 1 0 0	1 1 0 1	1 1 1 0	1 1 1 1

Ejercicio propuesto: Obtener por el método descrito anteriormente la forma canónica de la ecuación

$$M = X + YZ + Z'$$

1.2.7.- Simplificación de ecuaciones lógicas

Antes de implementar una ecuación lógica en un circuito de cualquier tecnología (Neumática, hidráulica, eléctrica, electrónica, ...) será oportuno conseguir que dicha expresión sea lo más sencilla posible por razones de economía, simplicidad de funcionamiento......., . Este propósito se consigue mediante algunos métodos tales como por la simplificación algebráica, mapas de Karnouth, método tabulado (Quine-McCluskey), que se desarrollan seguidamente y cuyo objetivo es conseguir una expresión que tenga el menor número de términos y variables posible realizando la misma función, o lo que es lo mismo que dicha ecuación sea irreducible.

Una ecuación lógica de suma de productos (Minitérminos) o de productos de sumas (Maxitérminos) es irreducible si ninguno de sus términos o literales puede eliminarse sin que cambie el valor lógico de dicha función

Como conceptos generales al respecto podemos establecer los siguientes:

a) Pueden existir varias expresiones lógicas que representen una misma función

$$E_1 = A + B \qquad E_2 = A + A`. B \qquad E_3 = A + A`. B + A . A`$$

b) Dos funciones de n variables son iguales, si tienen el mismo valor para todas las combinaciones posibles (2^n) de dichas variables, esto es, sus tablas de la verdad son iguales

$$E_1 = A + B \qquad\qquad E_2 = A + A`. B$$

A	B	A`	A + B	A`B	A+A`B
0	0	1	0	0	0
0	1	1	1	1	1
1	0	0	1	0	1
1	1	0	1	0	1

c) Una expresión (Suma de productos o producto de sumas) es mínima, si tiene un menor número de términos que cualquier otra expresión equivalente

$$E_2 = A + A´. B \qquad E_3 = A + A`. B + A . A`$$

Del subconjunto de expresiones equivalente E_2 / E_3 , E_2 es mínima porque tiene menos términos que su equivalente E_3

d) Entre varias expresiones equivalentes que tengan igual número de términos, será mínima aquella que tenga menos literales (Variables directas o negadas, A - A`) en alguno de sus términos

$$E_1 = A + B \qquad E_2 = A + A`. B$$

Del subconjunto de expresiones equivalentes E_1 / E_2, E_1 es mínima porque el segundo término tiene menos literales que E_2

e) Si una expresión es mínima es irreducible

$$E_1 = A + B \qquad E_2 = A + A\grave{.}\,B \qquad E_3 = A + A\grave{.}\,B + A\,.\,A\grave{}$$

Del conjunto de las tres expresiones equivalentes E1 / E2 / E3, E1 es irreducible porque la eliminación de cualquiera de sus dos literales-términos cambia el valor lógico de E_1

En definitiva podemos decir que una expresión lógica simplificada y mínima utiliza el menor número posible de elementos lógicos (Válvulas, puertas lógicas, interruptores, sensores…) en su implementación en una tecnología determinada

1.2.7.1.- Simplificación algebraica

En la manipulación algebraica de expresiones lógicas al objeto de simplificarlas, no hay reglas específicas procedimentales, salvo las derivadas de la aplicación de las leyes y propiedades del álgebra de Boole.

Ejemplo: Simplificación de la expresión $S = A\,.\,B + B\,(\,B + C\,)$

Tras la manipulación previa de aplicar la propiedad distributiva al segundo término, tendremos la siguiente expresión:

$$S = A\,.\,B + B\,.\,B + B\,.\,C$$

a) Aplicando la prop. de la equipotencia del producto $(\,B\,.\,B = B\,)$

$$S = A\,.\,B + B + B\,.\,C$$

b) Sacando factor común B de todos los términos

$$S = B\,\underbrace{(\,A + 1 + C\,)}_{1}$$

c) Contemplando el elemento neutro de la suma que constituye el paréntesis de la expresión, quedará:

$$S = B$$

Ejercicio:

a) Representar en tecnología neumática y eléctrica la siguiente expresión:
$$S = (\,X\,.\,Y + X\,.\,Z\,)\grave{} + X\grave{}\,.\,Y\grave{}\,.\,Z$$

b) Simplificarla algebraicamente y realizar de nuevo su implementación en las mismas tecnologías

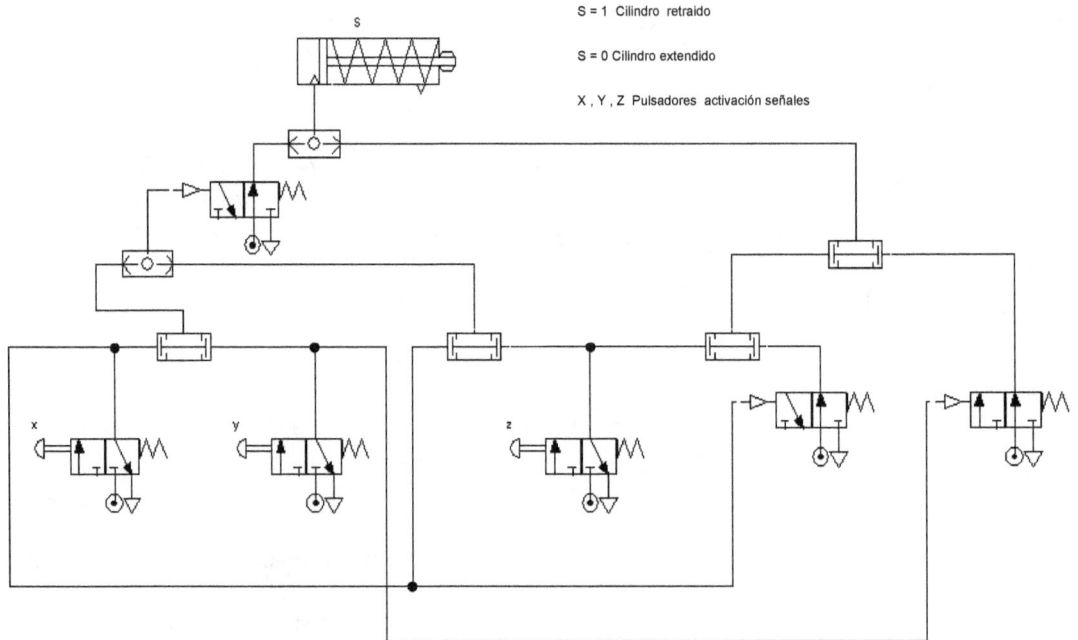

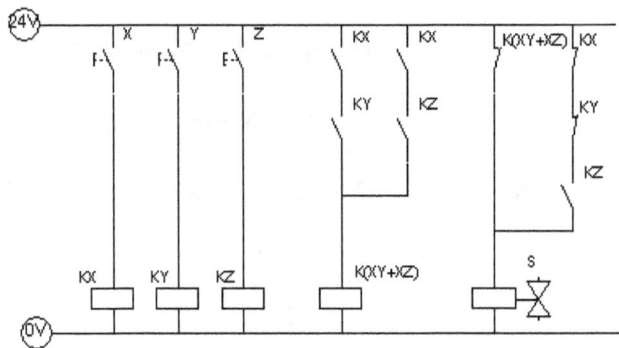

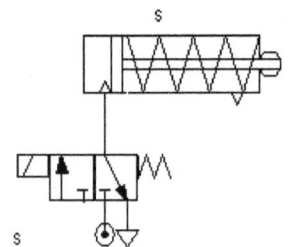

S = 1 Cilindro retraido

S = 0 Cilindro extendido

X , Y , Z Pulsadores activación señales

A modo de comprobación del funcionamiento del circuito podemos realizar la tabla de la verdad de la ecuación y comprobar que en las combinaciones binarias 5,6 y 7 el cilindro debe estar retraído

	X	Y	Z	X . Y	X . Z	X.Y+X.Z	(X.Y+X.Z)'	X'	Y'	X'.Y'. Z	S=(X.Y+X.Z)'+ X'.Y'. Z
0	0	0	0	0	0	0	1	1	1	0	1
1	0	0	1	0	0	0	1	1	1	1	1
2	0	1	0	0	0	0	1	1	0	0	1
3	0	1	1	0	0	0	1	1	0	0	1
4	1	0	0	0	0	0	1	0	1	0	1
5	1	0	1	0	1	1	0	0	1	0	0
6	1	1	0	1	0	1	0	0	0	0	0
7	1	1	1	1	1	1	0	0	0	0	0

Procedemos seguidamente a la simplificación algebraica de la ecuación

$$S = (X . Y + X . Z)` + X`. Y`. Z$$

1) Aplicación de las leyes de Morgan:

$$S = (X . Y)`(X . Z)` + X`. Y`. Z$$

$$S = (X`+ Y`)(X` + Z`) + X`. Y`. Z$$

2) Aplicación de la propiedad distributiva a los términos entre paréntesis (Desarrollo de los mismos)

$$S = X`. X`+ X`. Z` + Y`. X` + Y`. Z` + X`. Y`. Z$$

3) Aplicación de la propiedad de equipotencia del producto al primer término de la expresión obtenida

$$S = X`+ X`. Z` + Y`. X` + Y`. Z` + X`. Y`. Z$$

4) Sacando factor común X`. Y` de los términos 3° y 5° de la expresión obtenida

$$S = X`+ X`. Z` + X`. Y`( 1 + Z) + Y`. Z`$$

5) Aplicación del elemento nulo de la suma al término 3°, (1 + Z = 1)

$$S = X`+ X`. Z` + X`. Y` + Y`. Z`$$

6) Repitiendo los pasos 4 y 5 con los primeros términos de la expresión anterior, esto es, sacando factor común X' de los términos 1°, 2° y 3°

$$S = X`( \underbrace{1 + Z + Y'}_{1} ) + Y`. Z`$$

y aplicando el elemento neutro del producto en el primer término , obtendremos finalmente la expresión simplificada

$$S = X` + Y`. Z`$$

A modo de comprobación obtendremos la tabla de la verdad de la expresión obtenida

	X	Y	Z	X`	Y`	Z`	Y`Z`	S=X'+Y`. Z`
0	0	0	0	1	1	1	1	1
1	0	0	1	1	1	0	1	1
2	0	1	0	1	0	1	1	1
3	0	1	1	1	0	0	1	1
4	1	0	0	0	1	1	1	1
5	1	0	1	0	1	0	0	0
6	1	1	0	0	0	1	0	0
7	1	1	1	0	0	0	0	0

S = 1 Cilindro retraido

S = 0 Cilindro extendido

X , Y , Z Pulsadores activación señales

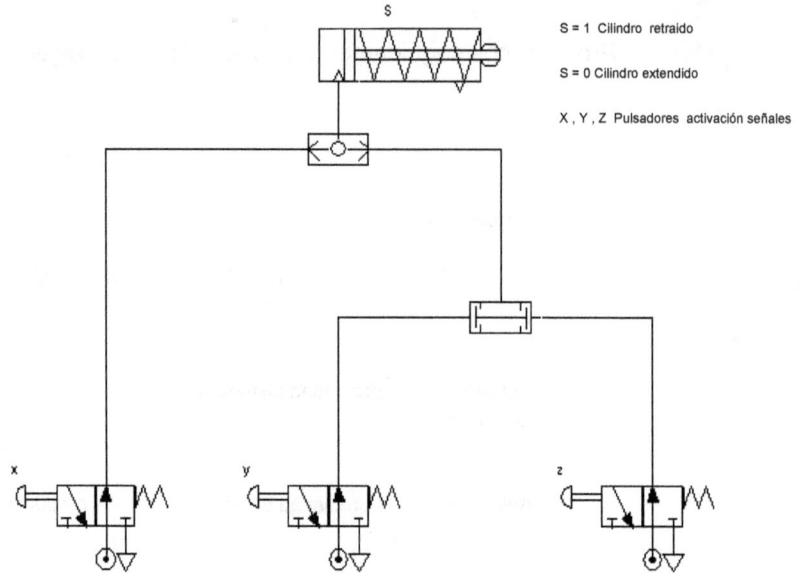

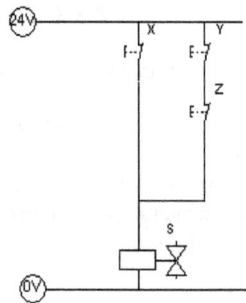

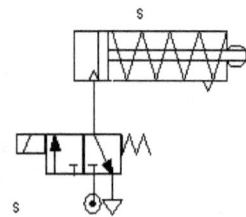

Ejercicio propuesto:

a) Representar en tecnología neumática, eléctrica y en esquema de contactos para autómata programable, la siguiente expresión:

$$R = B'C + A'B (C + B'A)$$

b) Simplificarla algebraicamente y realizar de nuevo su implementación en las mismas tecnologías

1.2.7.2.- Simplificación mediante mapas de Karnaugh (Maurice)

En el procedimiento de simplificación algebraica hemos visto que no hay unas reglas o metodología concreta para los sucesivos pasos a efectuar en el procedimiento de manipulación de una expresión booliana, además, su eficacia está determinada por el conocimiento y la habilidad para aplicar leyes, propiedades y teoremas del álgebra de Boole y tampoco se tiene la seguridad de haber alcanzado la expresión irreducible

En cambio, el mapa de Karnaugh es un procedimiento simple y directo para la minimización de funciones lógicas, que deben estar en su forma canónica (estándar) y sintetizando podemos decir que es un proceso geométrico-mecanico de representarlas, puesto que en realidad es una forma pictórica de su tabla de la verdad, o lo que es lo mismo:

Un mapa de de Karnaugh es un diagrama visual de todas las combinaciones posibles de las variables de una expresión lógica

C.D A.B	C`D` 0 0	C`D 0 1	C D 1 1	C D` 1 0
0 0 A`B`	0 (0)	0 (1)	0 (3)	1 (2)
0 1 A`B	0 (4)	0 (5)	0 (7)	1 (6)
1 1 A B	1 (12)	0 (13)	0 (15)	0 (14)
1 0 A B`	0 (8)	0 (9)	0 (11)	0 (10)

$$S = \sum (2, 6, 12)$$

$$S = A` B` C D` + A` B C D` + A B C` D`$$

Los mapas de Karnaugh se organizan por celdas , de manera que cada una de ellas representa un minitérmino, esto es , una combinación (valor binario) de las variables de entrada, reconociéndose gráficamente una expresión mediante el área encerrada por aquellos minitérminos de las misma. Por tanto, el número de celdas de un mapa de Karnauch, es igual al número posible de combinaciones de las variables de entrada, esto es, 2^n, siendo n, el número de variables

La disposición de las celdas se basa en el concepto de "adyacencia" que dice:

Una combinación de las variables de entrada es adyacente lógicamente a otra, si ambas, difieren únicamente en una posición de bit, esto es, difieren en una única variable.

Dicho de otra forma, solo cambia una variable entre dos celdas adyacentes

La simplificación de dos combinaciones adyacentes se basa en la regla del elemento neutro del producto, por ejemplo:

$$A . B . C + A . B`. C = A . C ( \underbrace{B + B`}_{1}) = A . C$$

lo que supone la eliminación de una variable, en este caso la B

Mediante la agrupación adecuada de celdas adyacentes se consigue la simplificación de la expresión lógica por el concepto de adyacencia antes comentado y teniendo presente además que dos minitérminos adyacentes eliminan una variable, cuatro minitérminos adyacentes eliminan 2 variables, 8 minitérminos eliminan 3 variables, en consecuencia será oportuno hacer el mayor agrupamiento posible de celdas (2, 4, 8, 16…) porque así podremos eliminar un mayor número de varialbles (1, 2, 3… respectivamente) y además se eliminan 1,3, 7, 15 ..,. términos de la expresión en su forma canónica

Las celdas de un mapa de Karnaugh están dispuestas de forma tal que solo cambia una variable entre celdas adyacentes (Son celdas adyacentes aquellas que se tocan lateralmente por cualquiera de sus cuatro lados y no lo son si se tocan por su esquina) geográfica y lógicamente .

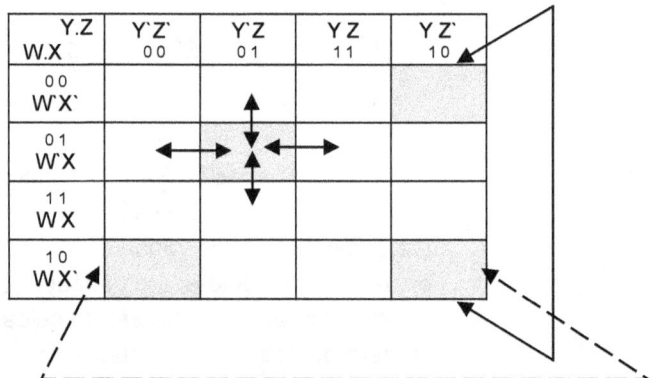

En consecuencia a lo dicho, la ordenación de las celdas se realiza efectuando un reparto de variables entre filas y columnas del mapa, codificándolas según el código Gray, cuya característica es la de cambiar un solo bit de una celda (Palabra) a la siguiente (Adyacente) (Ver apartado 1.2.3.5 Código Gray)

En el apartado que sigue se ilustran los conceptos indicados anteriormente

Mapa de Karnaugh para tres variables

Lógicamente este mapa presenta 8 celdas ($2^3 = 8$), distribuidas las variables según las filas (1) y columnas (2) como indica la siguiente figura

B.C A	B`C` 0 0	B`C 0 1	B C 1 1	B C` 1 0
0 A`	A`B`C` 0 0 0 (0)	A`B`C 0 0 1 (1)	A`B C 0 1 1 (3)	A`B C` 0 1 0 (2)
1 A	A B`C` 1 0 0 (4)	A B`C 1 0 1 (5)	A B C 1 1 1 (7)	A B C` 1 1 0 (6)

Consideremos la siguiente expresión lógica:

$$S = A B`C` + A`B`C` + A B C + A`B C + A B`C$$

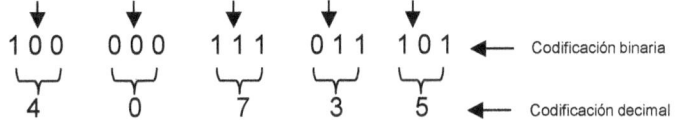

$$100 \quad 000 \quad 111 \quad 011 \quad 101 \longleftarrow \text{Codificación binaria}$$

$$4 \quad 0 \quad 7 \quad 3 \quad 5 \longleftarrow \text{Codificación decimal}$$

$$S = \sum_3 (0, 3, 4, 5, 7)$$

Nº de combinaciones binarias = Nº de filas de la t.v. = Nº de celdas del mapa = $2^3 = 8$

	A	B	C	S
0	0	0	0	1
1	0	0	1	0
2	0	1	0	0
3	0	1	1	1
4	1	0	0	1
5	1	0	1	1
6	1	1	0	0
7	1	1	1	1

Codificación binaria de la combinación

Codificación decimal

Valor binario de la combinación/expresión

Traslado de minitérminos desde la t.v. al mapa de Karnaugh

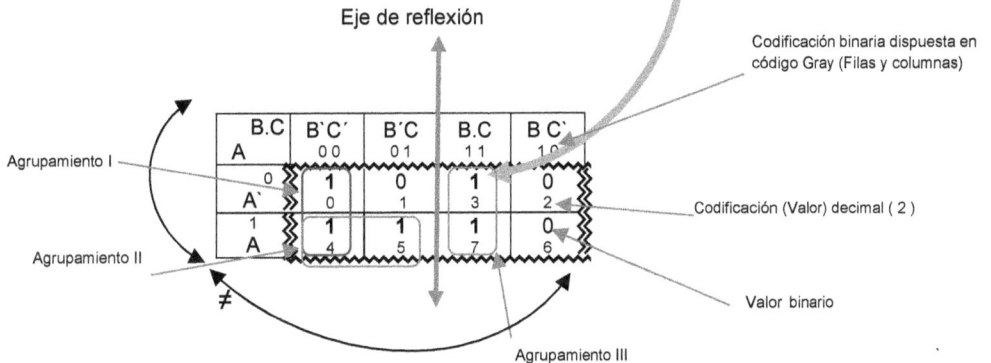

Eje de reflexión

Codificación binaria dispuesta en código Gray (Filas y columnas)

B.C A	B`C` 0 0	B`C 0 1	B.C 1 1	B C` 1 0
0 A`	1 0	0 1	1 3	0 2
1 A	1 4	1 5	1 7	0 6

Agrupamiento I

Agrupamiento II

≠

Agrupamiento III

Codificación (Valor) decimal (2)

Valor binario

(≠) Al ser el código Gray una codificación cíclica, las celdas de los bordes del mapa son adyacentes, esto es, la celda 0 es también adyacente de la 2, la 4 y la 6 son también adyacentes

Y aplicando el concepto de mapa cilíndrico tanto en el borde vertical como en el horizontal, también son adyacentes las celdas 0/4/2/6 en conjunto y también lo serían la 0,1, 3,2 en conjunto respecto a la 4,5,6,7 también en conjunto

Del agrupamiento I, que contempla las celdas adyacentes 0 y 4, tendríamos la siguiente simplificación:

$$A \, B`C` + A`B`C` = B`C` \, ( A + A`) = B`C`$$

$$\underbrace{1 \; 0 \; 0}_{4} \qquad \underbrace{0 \; 0 \; 0}_{0} \qquad \qquad \underbrace{}_{1}$$

Del agrupamiento I I, que contempla las celdas adyacentes 4 y 5, tendríamos :

$$A \, B`C` + A \, B`C = A \, B` \, (C` + C ) = A \, B`$$

$$\underbrace{1 \; 0 \; 0}_{4} \qquad \underbrace{1 \; 0 \; 1}_{5} \qquad \qquad \underbrace{}_{1}$$

Del agrupamiento III, que contempla las celdas adyacentes 3 y 7, tendríamos :

$$A`B \, C + A \, B \, C = B \, C \, ( A` + A) = B \, C$$

$$\underbrace{0 \; 1 \; 1}_{3} \qquad \underbrace{1 \; 1 \; 1}_{7} \qquad \qquad \underbrace{}_{1}$$

Reuniendo las combinaciones obtenidas, tendremos la expresión reducida

$$S = B`C` + A \, B` + B \, C$$

Como consideración procedimental, se puede observar , que *en cada agrupamiento se eliminar aquella variable que aparece tanto en forma directa como inversa (negada) permaneciendo aquellas variables que no cambian de una celda a otra*

GUIA PROCEDIMENTAL PARA EL PROCESO DE SIMPLIFICACIÓN (*)MEDIANTE MAPAS DE KARNAUGH

(*) De una expresión lógica de minitérminos (Suma de productos)

. Configurar el mapa de celdas, cuyo número será igual a 2^n, siendo n el número de variables

. Realizar una asignación repartiendo las variables vertical y horizontalmente (A , B, C, D)

En el caso de tener un número impar de variables, dejar la parte mayor

en el eje horizontal   (A, B, C, D, E)

. Realizar la rotulación (identificación) de celdas (Ver ejemplo), según código Gray

. Por cada término de la expresión canónica (SOP), colocar un 1 en la celda correspondiente , p.e.: término   A´B C , se   coloca en la celda 3)

0 1 1

Las celdas restantes son aquellas combinaciones para las cuales la función lógica es cero

Si se ha realizado previamente la tabla de la verdad , se trasladan al mapa aquellas combinaciones que tengan 1 como valor binario, siguiendo la codificación lógico/decimal de filas/columnas

. Realizar las agrupaciones de unos (1) del mayor tamaño posible (los agrupamientos de 2, 4, 8.... variables eliminaran 1, 2, 3 .... variables respectivamente

No importa que un 1 sea encerrado más de una vez en diferentes agrupamientos

Todos los unos (1) tienen que estar incluidos al menos en un grupo (Aunque sea un grupo de una celda, caso de un 1 aislado)

. En los agrupamientos de más de un 1, aparecerán variables que están en forma directa y negada (Variables contradictorias) y que como se indicó anteriormente pueden ser eliminadas

.Obtener la expresión minimizada sumando los términos anteriormente simplificados

Ejercicio:Se dispone del siguiente sistema de una instalación electroneumática y para la misma se desea comprobar si es posible simplificarlo (optimizarlo). Su funciónalidad se describe seguidamente

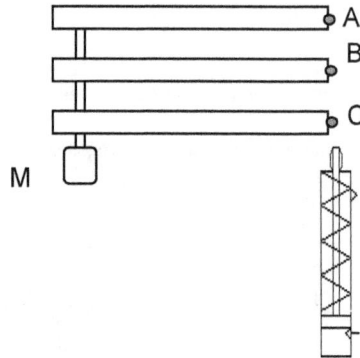

Un alimentador de piezas para el procesado de las mismas en una máquina, está compuesto por tres cintas trasportadoras accionadas por un único motor eléctrico. Cada una de ellas está dotada en su extremo del correspondiente sensor (A,B,C) que detectan la posible presencia de pieza

El sistema deberá activar el motor (M) de accionamiento de las cintas y establecer la entrada (Y1) de un cilindro de s. efecto (*) que estratégicamente situado detiene el avance de las piezas si se cumple alguna de las siguientes situaciones:

a) Si solo hay pieza en una de las cintas
b) Si no hay pieza en ninguna de las cintas

(*) El cilindro está controlado por una electroválvula 3/2 abierta

El esquema eléctroneumàtico que actualmente está instalado y del que se requiere la simplificación es el siguiente:

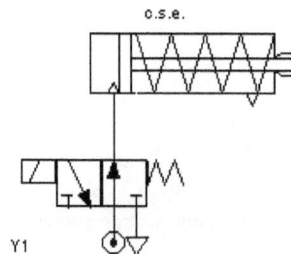

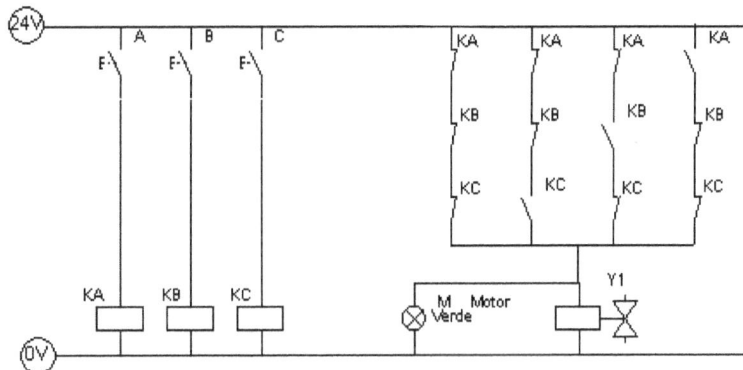

Analícese también la posibilidad de implementar el sistema optimizado mediante PLC

Obteniendo, a partir de la información (esquema) suministrada,   la correspondiente ecuación de mando (Se prescinde del literal K identificativo de relé, para facilitar la visión de la simplificación)

$$M = Y1 = A`B`C` + A`B`C + A`B C` + A B`C`$$

$$0\,0\,0 \qquad 0\,0\,1 \qquad 0\,1\,0 \qquad 1\,0\,0 \quad \longleftarrow \quad \text{V. binario}$$

$$0 \qquad 1 \qquad 2 \qquad 4 \quad \longleftarrow \quad \text{V. decim.}$$

$$M = Y1 (A -) = \Sigma_3 (0, 1, 2, 4)$$

Trasladando los minitérminos a las correspondientes celdas del mapa de Karnaugh, agrupando unos (1) adyacentes y eliminando las variables simplificables, tendremos

A \ B.C	B`C` 0 0	B`C 0 1	B.C 1 1	B C` 1 0
0 A`	1 — 0	1 — 1	0 — 3	1 — 2
1 A	1 — 4	0 — 5	0 — 7	0 — 6

$$M = Y1 (a-) = A` C` + B`C` + A`B`$$

$$M = Y1 (A-) = K A`. KC` + KB`. KC` + KA` . KB`$$

Implementado de nuevo, el circuito tendríamos el siguiente esquema optimizado

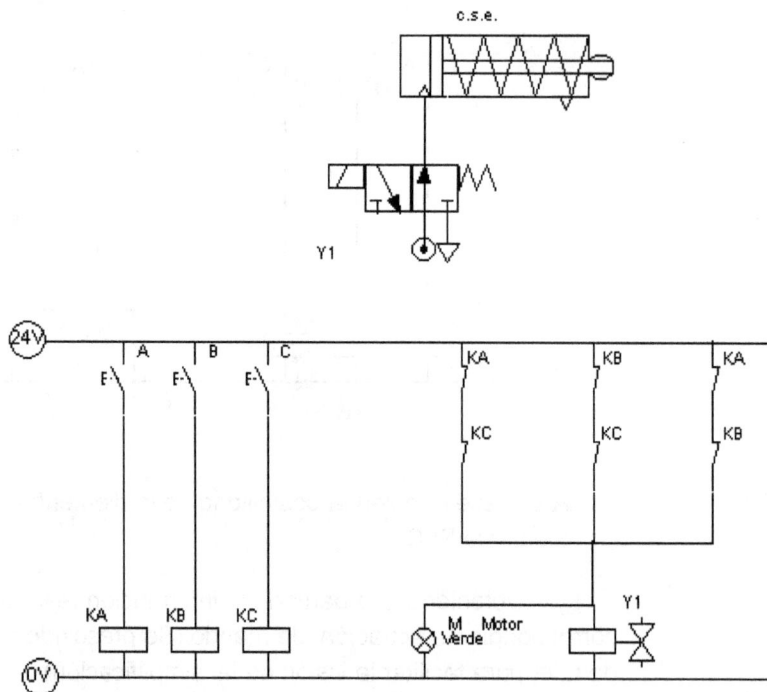

El sistema optimizado implementado para PLC sería

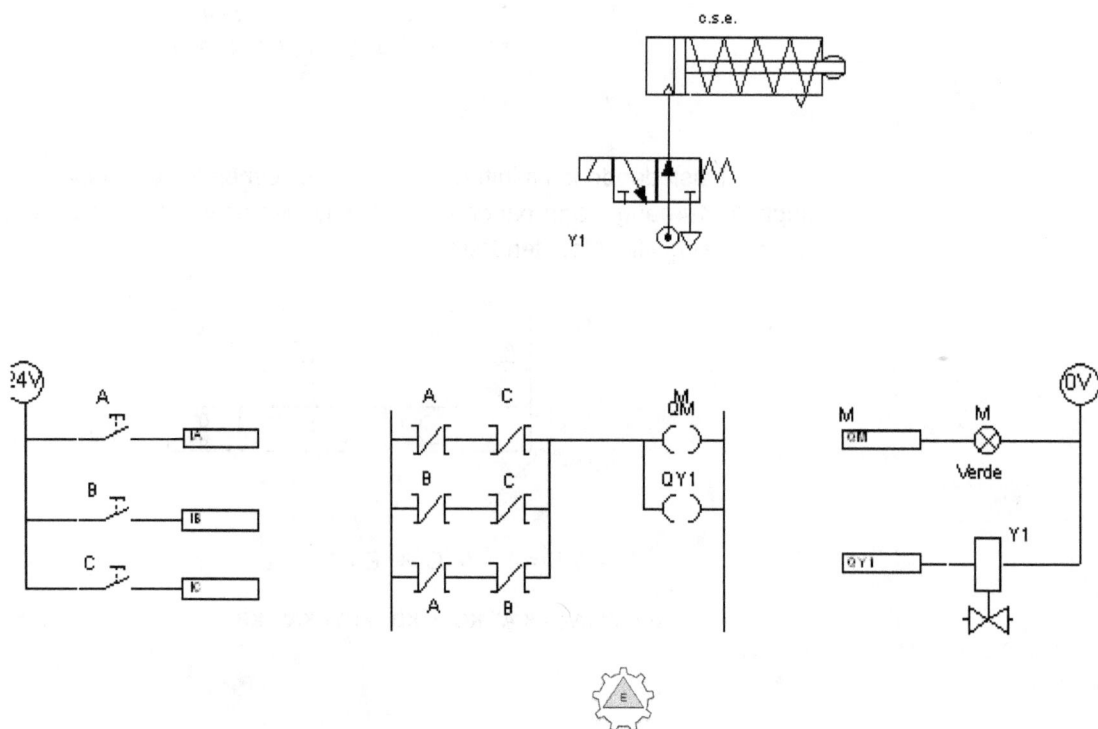

Ejercicio propuesto:

  Se dispone del siguiente sistema de una instalación electroneumática para la misma se desea comprobar si es posible simplificarlo (optimizarlo) , cuya función se describe seguidamente

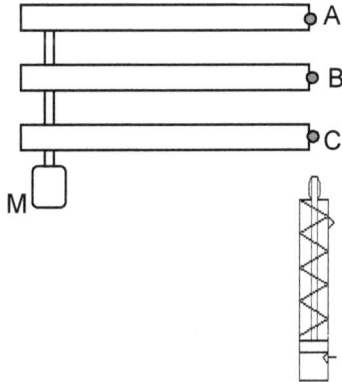

  Un alimentador de piezas para el procesado de las mismas en una máquina, está compuesto por tres cintas trasportadoras accionadas por un único motor eléctrico, dotada cada una de ellas en su extremo del correspondiente sensor (A,B,C) que detectan la presencia de pieza .

  El sistema deberá activar el motor de accionamiento de las cintas y establecer la entrada de un cilindro de s. efecto (*) que estratégicamente situado detiene el avance de las piezas, si existe pieza en dos cintas contiguas

  (*) El cilindro está controlado por una electroválvula 3/2 abierta

El esquema eléctroneumàtico que actualmente está instalado y del que se requiere la simplificación es el siguiente:

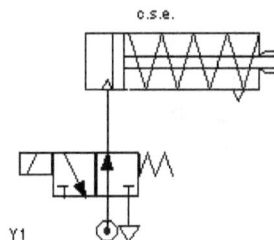

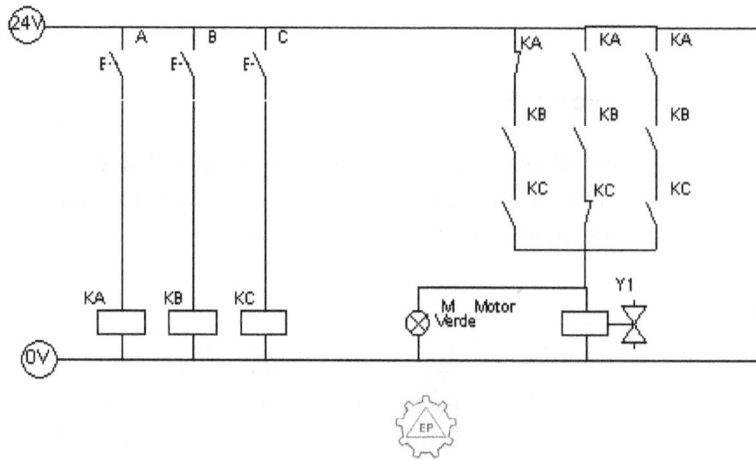

Mapa de Karnaugh para cuatro variables

El número de celdas que tiene un mapa para cuatro variables es 16 (2^4), dispuestas como se indica en la figura

C.D / A.B	C'D' 0 0	C'D 0 1	C D 1 1	C D' 1 0
0 0 / A'B'	A'B'C'D' 0 0 0 0 (0)	A'B'C'D 0 0 0 1 (1)	A'B'C D 0 0 1 1 (3)	A'B'C D' 0 0 1 0 (2)
0 1 / A'B	A'B C'D' 0 1 0 0 (4)	A'B C'D 0 1 0 1 (5)	A'B C D 0 1 1 1 (7)	A'B C D' 0 1 1 0 (6)
1 1 / A B	A B C'D' 1 1 0 0 (12)	A B C'D 1 1 0 1 (13)	A B C D 1 1 1 1 (15)	A B C D' 1 1 1 0 (14)
1 0 / A B'	A B'C'D' 1 0 0 0 (8)	A B'C'D 1 0 0 1 (9)	A B' C D 1 0 1 1 (11)	A B'C D' 1 0 1 0 (10)

Como puede apreciarse , las variables están repartidas entre las filas y las columnas (A B / C D), según ordenamiento del código Gray

Se llama la atención sobre la existencia de la adyacencia en las celdas (Minitérminos) correspondientes a las ubicaciones 0/2/8/10, esquinas del mapa y que dado el caso de su agrupamiento, conseguiría la eliminación de 2 variables (Recuérdese que siempre que se pueda deben agruparse el mayor número posible de unos (1), según el orden binario 2, 4 8, 16.. lo que proporciona respectivamente la eliminación de 1, 2 , 3, 4 .. variables.

Seguidamente se aplica a un sistema automático de 4 sensores una optimización (Simplificación) del mismo, mediante el correspondiente mapa de Karnaught de 4 variables

Ejercicio: Se dispone del siguiente sistema de una instalación cuya funcionalidad se describe seguidamente.

Una señal acústica debe activarse cuando se dé alguna de las circunstancias de activación de los sensores A, B, C y D siguientes

(Activación = 1 , Desactivación = 0):

. Cuando estén activados los sensores A y B y desactivados los sensores C y D

. Cuando estén activados los sensores A y D y desactivados los sensores B y C

. Cuando esté activado el sensor C y desactivados los sensores A, B y D

. Cuando estén activados los sensores A,B y C y desactivado el sensor D

Obtener en tecnología eléctrica el esquema de este sistema de control

De la primera condiciòn se desprende que : A B C` D`

De la segunda condición se desprende que: A B` C` D

De la tercera condición se desprende que: A B` C D`

De la última condición se desprende que : A B C D`

Realizando la tabla de la verdad para las condiciones de funcionalidad del sistema tenemos que las combinaciones que hacen que la alarma se active son :

	A	B	C	D	Alarma
0	0	0	0	0	0
1	0	0	0	1	0
2	0	0	1	0	1
3	0	0	1	1	0
4	0	1	0	0	0
5	0	1	0	1	0
6	0	1	1	0	0
7	0	1	1	1	0
8	1	0	0	0	0
9	1	0	0	1	1
10	1	0	1	0	0
11	1	0	1	1	0
12	1	1	0	0	1
13	1	1	0	1	0
14	1	1	1	0	1
15	1	1	1	1	0

$$\text{Alarma} = \textstyle\sum_4 (2, 9, 12, 14)$$

y cuya ecuación lógica en forma canónica, sin optimizar sería:

$$\text{Alarma} = A`B`C D` + A B`C`D + A B C`D` + A B C D`$$

$$\begin{array}{cccc} \downarrow & \downarrow & \downarrow & \downarrow \\ 0\ 0\ 1\ 0 & 1\ 0\ 0\ 1 & 1\ 1\ 0\ 0 & 1\ 1\ 1\ 0 \\ \underbrace{} & \underbrace{} & \underbrace{} & \underbrace{} \\ 2 & 9 & 12 & 14 \end{array}$$

Trasladando estos minitérminos al correspondiente mapa de Karnaugh, procedemos a su simplificación

C.D / A.B	C`D` 0 0	C`D 0 1	C D 1 1	C D` 1 0
0 0 A`B`	0 (0)	0 (1)	0 (3)	1 (2)
0 1 A`B	0 (4)	0 (5)	0 (7)	0 (6)
1 1 A B	1 (12)	0 (13)	0 (15)	1 (14)
1 0 A B`	0 (8)	1 (9)	0 (11)	0 (10)

$$\text{Alarma} = A B D` + A B`C`D + A B`C D` = A ( B D` + B`C`D) + A`B`C D`$$

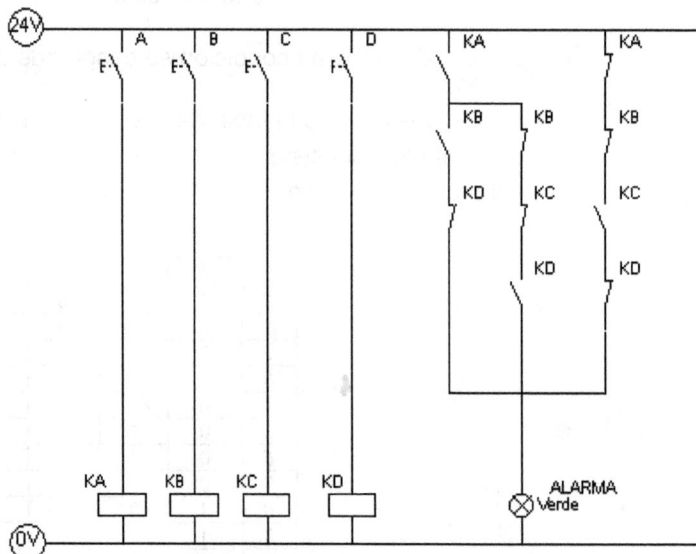

Ejercicio propuesto : Se dispone del siguiente sistema de control del movimiento longitudinal de un torno, del cual se desea comprobar si es posible simplificarlo (Optimizarlo) y que tiene la siguiente funcionalidad:

El carro longitudinal se desplaza (Mov. Avance) por medio de un cilindro neumático (C) de doble efecto, gobernado por una v. distribuidora 5/2 monoestable (Y1) cuando se cumplan conjuntamente las siguientes condiciones:

a) Se pulse el botón de puesta en marcha (PM) y
b) La pantalla de protección esté bajada (PP) y
c) No esté activado el pulsador de mantenimiento-máquina (MM) y
d) No esté activado el pulsador de emergencia (E)

También el carro longitudinal debe avanzar si se cumplen conjuntamente las siguiente condiciones:

e) Se active el pulsador de mantenimiento-máquina (MM) y
f) No esté activado el botón de puesta en marcha (PM) y
g) No esté activado el pulsador de emergencia (E)

El esquema electroneumático actualmente instalado es :

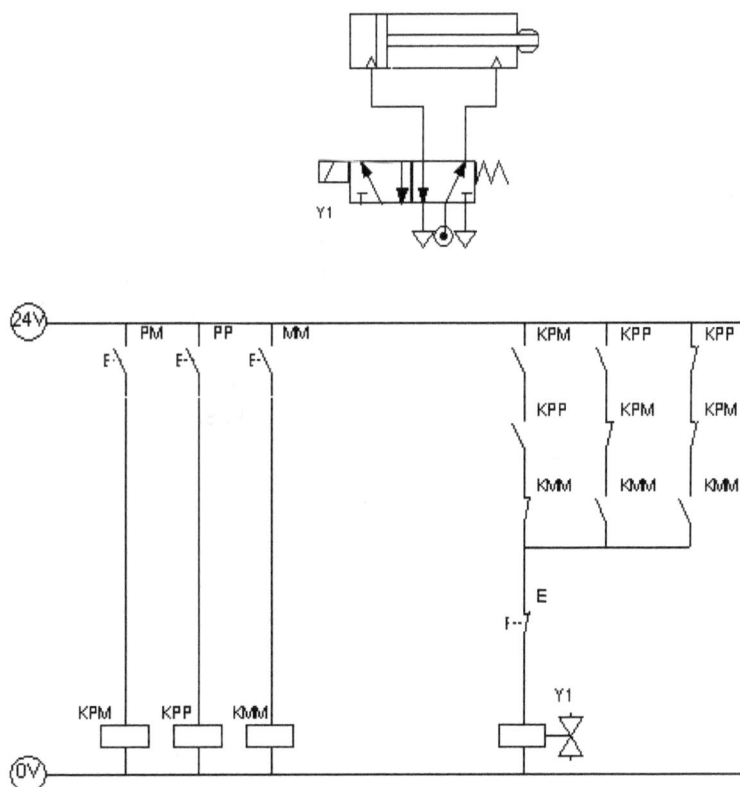

Analícese también la posibilidad de implementar el sistema optimizado mediante PLC

Mapa de Karnaugh para cinco variables

El número de celdas que tiene un mapa de cinco variables es 32 (2^5), dispuestas como se indica en la figura

C.D.E A.B	C'D'E' 000	C'D E' 001	C D E' 011	C D' E 010	C'D' E 110	C'D E 111	C D E 101	C D' E 100
00 A'B'	A'B'C'D'E' 00000 (0)	A'B'C'D E' 00001 (1)	A'B'C D E' 00011 (3)	A'B'C D' E 00010 (2)	A'B'C'D'E 00110 (6)	A'B'C D E 00111 (7)	A'B'C D E 00101 (5)	A'B'C D' E 00100 (4)
01 A'B	A'B C'D'E' 01000 (8)	A'B C'D E' 01001 (9)	A'B C D E' 01011(11)	A'B C D E 01010 (10)	A'B C'D E 01110 (14)	A'B C D E 01111 (15)	A'B C D E 01101 (13)	A'B C D' E 01100 (12)
11 A B	A B C'D' E' 11000 (24)	A B C'D E' 11001 (25)	A B C D E' 11011 (27)	A B C D E 11010 (26)	A B C'D' E 11110 (30)	A B C'D E 11111 (31)	A B C D' E 11101 (29)	A B C D'E 11100 (28)
10 A B'	A B'C'D' E' 10000 (16)	A B'C'D E' 10001 (17)	A B 'C D E' 10011 (19)	A B'C D' E 10010 (18)	A B'C'D' E 10110 (22)	A B'C'D E 10111 (23)	A B 'CD E 10101 (21)	A B'C D' E 10100 (20)

Eje de s

Eje de simetría/Espejo

Como puede apreciarse en la figura, las variables están repartidas entre las filas y las columnas, AB / CDE , respectivamente, según el código Gray y puede también observarse, como en realidad son dos mapas de cuatro variables (16 celdas cada uno), que se reconocen al estar separados por la línea gruesa del centro del mapa (Eje de simetría/Reflejo), que considerada como el centro de un libro contiene la mitad del mapa en cada página

En realidad al ser un mapa para cinco variables una composición de dos mapas de 4 variables cada uno de ellos, la adyacencia de celdas debe ser considerada en un doble sentido, así cada celda es adyacente no solo con las cuatro celdas colindantes, si no también con la celda imagen respecto al eje de simetría (Considérese el eje de simetría como la línea de giro que enfrenta un mapa contra el otro)

C.D.E A.B	C`D`E` 0 0 0	C`D E` 0 0 1	C D E` 0 1 1	C D` E 0 1 0	C`D` E 1 1 0	C`D E 1 1 1	C D E 1 0 1	C D` E 1 0 0
0 0 A`B`	(0)	(1)	(3)	(2)	(6)	(7)	(5)	(4)
0 1 A`B	(8)	(9)	(11)	(10)	(14)	(15)	(13)	(12)
1 1 A B	(24)	(25)	(27)	(26)	(30)	(31)	(29)	(28)
1 0 A B`	(16)	(17)	(19)	(18)	(22)	(23)	(21)	(20)

La celda 9, tiene como adyacente además de las celdas 1,8,11 y 25, la 13

Ejercicio: Se dispone del siguiente sistema de control del movimiento longitudinal de un torno, del cual se desea comprobar si es posible simplificarlo (Optimizarlo) y que tiene la siguiente funcionalidad:

El carro longitudinal se desplaza (Mov. Avance) por medio de un cilindro neumático (C) de doble efecto, gobernado por una v. distribuidora 5/2 monoestable (Y1) cuando se cumplan conjuntamente las siguientes condiciones:

- a) Se pulse el botón de puesta en marcha (PM) y
- b) La pantalla de protección esté bajada (PP) y
- c) No esté activado el pulsador de mantenimiento-máquina (MM) y
- d) No esté activado el pulsador de emergencia (E) y
- e) Se haya pulsado el interruptor de puesta en marcha del sistema de refrigeración SR

También el carro longitudinal debe avanzar si se cumplen conjuntamente las siguiente condiciones:

- f) Se active el pulsador de mantenimiento-máquina (MM) y
- g) No esté activado el botón de puesta en marcha (PM) y
- h) No esté activado el pulsador de emergencia (E)

El esquema electroneumático actualmente instalado es :

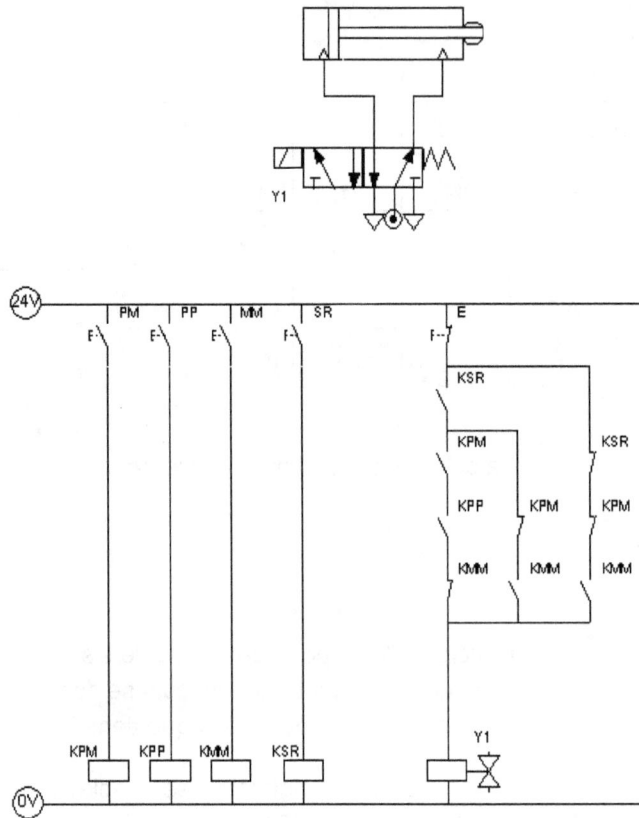

La ecuación implícita para las condiciones de funcionamiento indicadas es:

$$\text{Carro (C)} = \underbrace{\text{PM. PP. MM`. E`. SR}}_{\text{1ª Funcionalidad}} + \underbrace{\text{PM` MM E`}}_{\text{2º Funcionalidad}}$$

$$\underbrace{1 \quad 1 \quad 0 \quad 0 \quad 1}_{25 \text{ (Valor decimal de la codificación binaria)}} \quad 0 - 1\ 0 - \text{(Faltan variables PP y SR)}$$

Obtención de la forma canónica del 2º minitérmino

$$\text{PM`. ( PP + PP`) . MM . E`. ( SR + SR´ )} = \text{PM`. PP . MM . E`. ( SR + SR´ )} + \text{PM`. PP`. MM . E`. (SR + SR´)} =$$

$$= \underbrace{\text{PM`. PP . MM . E`. SR}}_{13} + \underbrace{\text{PM`. PP . MM . E`. SR´}}_{12} + \underbrace{\text{PM`. PP`. MM . E`. SR}}_{5} + \underbrace{\text{PM`. PP`. MM . E`. SR´}}_{4}$$

$$\underbrace{0 \quad 1 \quad 1 \quad 0 \quad 1}_{13} \qquad \underbrace{0 \quad 1 \quad 1 \quad 0 \quad 0}_{12} \qquad \underbrace{0 \quad 0 \quad 1 \quad 0 \quad 1}_{5} \qquad \underbrace{0 \quad 0 \quad 1 \quad 0 \quad 0}_{4}$$

MM.E.SR PM.PP	MM`. E`. SR` 000	MM`. E`. SR 001	MM`. E. SR 011	MM`. E. SR` 010	MM . E. SR` 110	MM. E. SR 111	MM. E`.SR 101	MM. E`.SR` 100
00 PM`.PP`	(0)	(1)	(3)	(2)	(6)	(7)	**1** (5)	**1** (4)
01 PM`.PP	(8)	(9)	(11)	(10)	(14)	(15)	**1** (13)	**1** (12)
11 PM.PP	(24)	**1** (25)	(27)	(26)	(30)	(31)	(29)	(28)
10 PM.PP`	(16)	(17)	(19)	(18)	(22)	(23)	(21)	(20)

Analizando el mapa de Karnaught, tendríamos la siguiente ecuación optimizada

$$C = PM . PP . MM`. E`. SR + PM`. MM . E` = E`( PM . PP . MM`. SR + PM`. MM)$$

y el esquema optimizado sería:

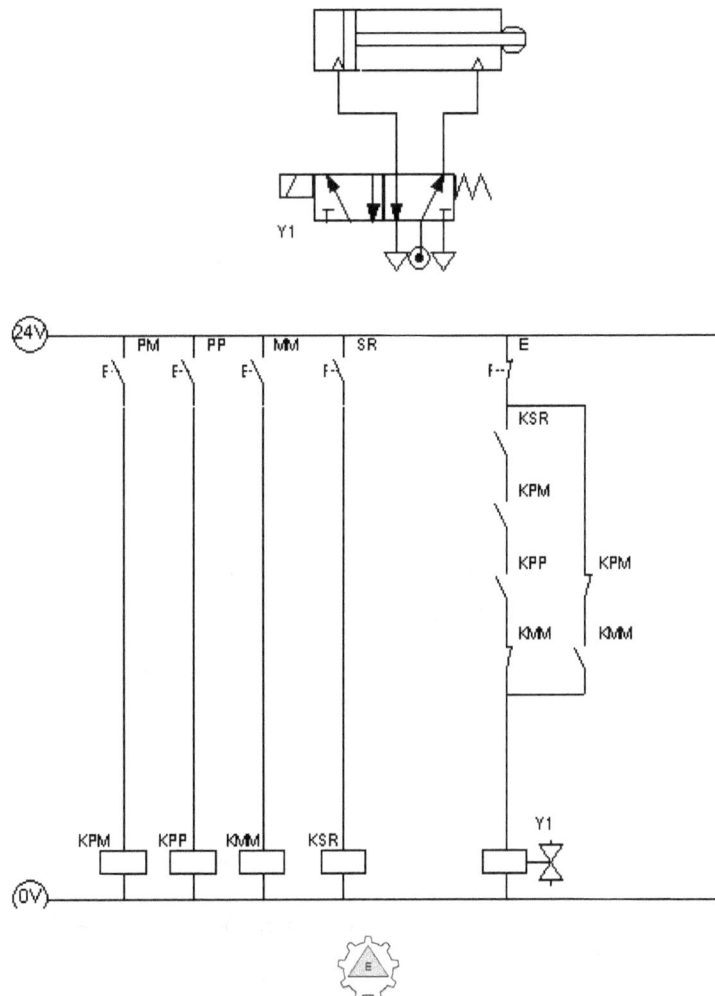

Ejercicio: Considérese la siguiente función para simplificarla:

$$F(v,w,x,y,z) = \sum_5(0,2,4,9,11,13,15,25,27,29,31)$$

Elaboramos el correspondiente mapa :

X.Y.Z V.W	X'Y'Z' 0 0 0	X'Y'Z' 0 0 1	X Y Z' 0 1 1	X Y Z' 0 1 0	X'Y' Z 1 1 0	X'Y Z 1 1 1	X Y Z 1 0 1	X Y' Z 1 0 0
0 0 V'W'	1 (0)	(1)	(3)	1 (2)	1 (6)	(7)	(5)	1 (4)
0 1 V'W	(8)	1 (9)	1 (11)	(10)	(14)	1 (15)	1 (13)	(12)
1 1 V W	(24)	1 (25)	1 (27)	(26)	(30)	1 (31)	1 (29)	(28)
1 0 V W'	(16)	(17)	(19)	(18)	(22)	(23)	(21)	(20)

Obsérvese que las celdas 0,2,6 y 4 son colindantes entre si, y el grupo de celdas 9 , 11, 25, 27 es reflejo y por tanto colindantes con el grupo de celdas 15, 13, 31, 29.

En consecuencia la función simplificada será:

$$F(V,W,X,Y,Z) = W .Y + V'. W'. Z$$

Ejercicio : Un cilindro neumático de simple efecto, comandado por una electroválvula monoestable 3/2 NC (Y1), es controlado por cinco sensores (A,B,C,D.E), de manera que irá a su posición de extendido al darse alguna de las siguientes circunstancias:

. Cuando se active solo el sensor D

. Cuando se activen los sensores B y D y no lo estén los otros

. Cuanto se activen los sensores B, C, D y E

. Cuando se activen los sensores A y B y no lo estén los demás

. Cuando se activen los sensores A,B y D y no lo estén ni el C ni el E

. Cuando estén activados todos los sensores menos el E

. Cuando estén activados solo los sensores A, B ,C

Obtener el esquema de contactos optimizado correspondiente, para ser implementado en un PLC

$$Y1 = \underbrace{A`.B`.C`.D.E}_{0\ 0\ 0\ 1\ 0} + \underbrace{A`.B.C`.D.E`}_{0\ 1\ 0\ 0\ 1} + B.C.D.E + \underbrace{A.B.C`.D`.E`}_{1\ 1\ 0\ 0\ 0} + \underbrace{A.B.C`.D.E`}_{1\ 1\ 0\ 1\ 0} + \underbrace{A.B.C.D.E`}_{1\ 1\ 1\ 1\ 0} + \underbrace{A.B.C.D`.E}_{1\ 1\ 1\ 0\ 0}$$

$$\downarrow \quad \downarrow \quad \quad \downarrow \quad \quad \downarrow \quad \quad \downarrow \quad \quad \downarrow$$
$$2 \quad \quad 10 \quad \quad \quad 24 \quad \quad 26 \quad \quad 30 \quad \quad 28$$

Obtención de la forma canónica del tercer minitérmino

$$(A + A`).B.C.D.E = \underbrace{A.B.C.D.E}_{1\ 1\ 1\ 1\ 1} + \underbrace{A`.B.C.D.E}_{0\ 1\ 1\ 1\ 1}$$

$$\downarrow \qquad \downarrow$$
$$31 \qquad 15$$

Trasladando al mapa de Karnaught y realizando agrupamientos para la simplificación

C.D.E A.B	C`D`E` 0 0 0	C`D`E 0 0 1	C`D E 0 1 1	C`D E` 0 1 0	C D E` 1 1 0	C D E 1 1 1	C D`E 1 0 1	C D`E` 1 0 0
0 0 A`B`	(0)	(1)	(3)	1 (2)	(6)	(7)	(5)	(4)
0 1 A`B	(8)	(9)	(11)	1 (10)	(14)	1 (15)	(13)	(12)
1 1 A B	1 (24)	(25)	(27)	1 (26)	1 (30)	1 (31)	(29)	1 (28)
1 0 A B`	(16)	(17)	(19)	(18)	(22)	(23)	(21)	(20)

$$Y1 = ABE` + A`C`DE` + BCDE$$

c.s.e.

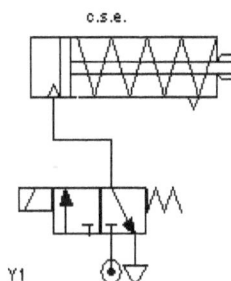

Y1

Ejercicio propuesto : Simplificar la función:

$$f(v,w,x,y,z) = \sum_5(0,3,7,10,13,14,19,24,26,27)$$

Ejercicio propuesto : Una señal de alarma se activa cuando se cumple alguna de las situaciones de los cinco sensores que la controlan:

1.- Cuando no esté activado el sensor A y si lo estén los sensores B y E

2.-Cuando esté activo el sensor A y no lo estén ni el sensor B, ni el C, ni el D

3.- Cuando estén activos los sensores A,B y E y no lo esté el sensor D

4.- Cuando estén activos los sensores A , C y E y no lo estén ni el B ni el D

5.- Cuando estén activos los sensores A y B y no lo estén los sensores C,D y E

Obtener el esquema eléctrico de control, optimizado.

Mapa de Karnaugh para seis variables

El número de celdas que tiene un mapa de seis variables es 64 (2^6) dispuestas como se indica en la figura

D.E.F → / A.B.C ↓	D'E'F' 000	D' E'F 001	D'E F 011	D' E F' 010	D E F' 110	D E F 111	D E'F 101	D E'F' 100
000 A'B'C'	A'B'C'D'E'F' 000000 (0)	A'B'C'D'E'F 000001 (1)	A'B'C'D'E F 000011 (3)	A'B'C'D'E F' 000010 (2)	A'B'C'DE F' 000110 (6)	**A'B'C'D EF 000111 (7)**	A'B'C'D E'F 000101 (5)	A'B'C'DE'F' 000100 (4)
001 A'B'C	A'B'C D'E'F' 001000 (8)	A'B'C D E'F 001001 (9)	A'B C D E'F 001011 (11)	A'B C D' E'F 001010 (10)	A'B'C'D EF 001110 (14)	**A'B'C'D EF 001111 (15)**	A'B C D EF 001101 (13)	A'B C D' EF 001100 (12)
011 A'B C	A B C D' E'F 011000 (24)	A B'C'D E F 011001 (25)	A B C D E F 011011 (27)	A B C D E'F 011010 (26)	A B C'D' EF 011110 (30)	A B C'D EF 011111 (31)	A B C D EF 011101 (29)	A B C D'EF 011100 (28)
010 A'B C'	A B'C'D' E'F 010000 (16)	A B'C'D E'F 010001 (17)	A B 'C D E F 010011 (19)	A B'C D' E'F 010010 (18)	A B'C'D EF 010110 (22)	A B'C'D EF 010 111 (23)	A B 'CD'EF 010101 (21)	A B'C D' EF 010100 (20)
110 A B'C'	A B'C'D'E'F' 110000 (48)	A B'C'D' E'F 110001 (49)	A B C' D'E F 110011 (51)	A B'C' D' E F' 110010 (50)	A B'C'DE F' 110110 (54)	A B'C'DE F 110 111 (55)	A B'C' D'E F 110101 (53)	A B'C' D E' F' 110100 (52)
111 A B'C	A B C D'E'F' 111000 (56)	A B C D' E'F 111001 (57)	A B C D' E F 111011 (59)	A B C D' E F' 111010 (58)	A B C D E F' 111110 (62)	A B C D E F 111111 (63)	A B C D E'F 111101 (61)	A B C D E' F' 111100 (60)
101 A B C	A B'C D' E'F' 101000 (40)	A B'C D' E'F 101001 (41)	A B'C D' E F 101011 (43)	A B'C D E F' 101010 (42)	A B'C D E F' 101110 (46)	A B'C D E F 101111 (47)	A B'C D E F 101101 (45)	A B'C D E' F' 101100 (44)
100 A B C'	A B'C'D' E'F' 100000 (32)	A B'C'D' E'F 100001 (33)	A B 'C' D' E F 100011 (35)	A B'C' D E F' 100010 (34)	A B'C'DE F' 100110 (38)	A B'C'DE F 100111 (39)	A B 'C'D'E F 100101 (37)	A B'C' D E' F' 100100 (36)

Como puede apreciarse en la figura, las variables A B C / D E F están repartidas entre filas/columnas según el código Gray y se observa como en realidad son cuatro mapas de cuatro variables (16 celdas, cada uno), reconocibles por las líneas gruesas en el centro del mapa (Ejes de simetría / reflejo)

La adyacencia de celdas debe ser considerada en un triple sentido, así cada celda es adyacente no solo con las cuatro celdas colindantes, sino también con las imágenes correspondientes (Considérense los ejes de simetría, como las líneas de giro que enfrentan un ¼ del mapa contra sus otros dos cuartos imagen del mismo)

D.E.F / A.B.C	D'E'F' 000	D'E'F 001	D'E F 011	D'E F' 010	D E F' 110	D E F 111	D E F' 101	D E'F' 100
000 A'B'C'	(0)	(1)	(3)	(2)	(6)	(7)	(5)	(4)
001 A'B'C	(8)	**(9)**	(11)	(10)	(14)	(15)	(13)	(12)
011 A'B C	(24)	(25)	(27)	(26)	(30)	(31)	(29)	(28)
010 A'B C'	(16)	(17)	(19)	(18)	(22)	(23)	(21)	(20)
110 A B'C'	(48)	(49)	(51)	(50)	(54)	(55)	(53)	(52)
111 A B'C	(56)	(57)	(59)	(58)	(62)	(63)	(61)	(60)
101 A B C	(40)	(41)	(43)	(42)	(46)	(47)	(45)	(44)
100 A B C'	(32)	(33)	(35)	(34)	(38)	(39)	(37)	(36)

La celda 9 tiene como adyacentes además de la 8, 1 11 y 25 la 13 y la 41

Ejercicio : Un cilindro de doble efecto, gobernado por una electroválvula 5/2 (Y1 = A+ / Y2 = A-) dotado de sendos finales de carrera (a_0/a_1), controlado además por tres sensores (S1 / S2 / S3) y un pulsador eléctrico de puesta en marcha (PM), tiene la siguiente funcionalidad:

. El cilindro saldrá si estando en posición de retraído, es activado el pulsador de puesta en marcha (PM) y están activos los sensores S1 o el S2, independientemente de que esté o no activado el sensor S3

. El cilindro retornará desde su posición de extendido, si no estando activado el pulsador de puesta en marcha (PM), se activa el sensor S3 y se desactiva S1 o bien S2 .

. El cilindro también se retraerá si estando fuera, no está activado el pulsador de puesta en marcha (PM), está activado S1 e independientemente de cómo estén S2 y S3

Para obtener el esquema electroneumático correspondiente y el esquema neumático si la instalación fuera a realizarse en tecnología neumática pura, realizamos el siguiente proceso

Las expresiones que rigen el movimiento de salida y del cilindro son:

(Si bien se podrían eliminar en las ecuaciones/esquemas los finales de carrera a0 / a1 en el caso de estar el cilindro fuera/dentro respectivamente, por razones didácticas se mantienen a efectos de tener 6 señales para realizar el mapa de Karnaught con esa cantidad de variables)

$$A+ = Y1 = PM . a0 . a1`. (S1 + S2) (S3 + S3`)$$

$$A - = Y2 = PM. a0`. a1 . S3 (S1`+ S2`) + PM`. a0`. a1 . S1 (S2 + S2`) (S3 + S3`)$$

Desarrollando los paréntesis y buscando la forma canónica de todos los términos, tendríamos:

A+= Y1 = (PM.a0.a1`.S1 + PM.a0.a1`.S2)(S3 + S3`) = PM.a0.a1`.S1.S3 + PM.a0.a1`.S2.S3 + PM.a0.a1´S1.S3` + PM.a0.a1`.S2.S3` =

= PM.a0.a1`.S1 (S2 + S2`) S3 + PM.a0.a1`(S1+S1`) S2.S3 + PM.a0.a1`(S2 + S2`).S1.S3` + PM.a0.a1`(S1+S1´) S2.S3` =

= Pm.a0.a1`.S1.S2.S3 + PM.a0.a1`.S1.S2`.S3 + PM.a0.a1`.S1.S2.S3 + PM.a0.a1`.S1´S2.S3 + PM.a0.a1`.S1.S2.S3` +

1 1 0 1 1 1	1 1 0 1 0 1	1 1 0 1 1 1	1 1 0 0 1 1	1 1 0 1 1 0
55	53	55	51	54

+ PM.a0.a1.S1.S2`.S3` + PM.a0.a1`.S1.S2.S3` + PM.a0.a1`.S1`.S2.S3`

1 1 0 1 0 0	1 1 0 1 1 0	1 1 0 0 1 0
52	54	50

$$A+ = Y 1 = \sum_6 (50, 51, 52, 53, 54, 55)$$

A-= Y2 = PM`. ao`. a1. S3 (S1`+ S2`) + PM`.a0`.a1. S1 (S2 + S2`)(S3 + S3`) =

= PM`. a0`. a1.S1` (S2+S2`).S3 + PM`.a0´.a1.(S1+S1`) S2`.S3 + PM`.a0`.a1. S1 (S2 + S2´)(S3 + S3`) =

=PM`.a0`.a1.S1`.S2.S3+PM`.ao`.a1.S1`.S2`.S3+PM`.a0`.a1.S!.S2`.S3+PM`.a0`.a1.S1`.S2`.S3+(PM`.a0`.a1.S1.S2+PM`.a0`.S1.S2`)(S3+S3`)=

= PM`.a0`.a1.S1`.S2.S3+PM`.ao`.a1.S1`.S2`.S3+PM`.a0`.a1.S!.S2`.S3+PM`.a0`.a1.S1`.S2`.S3+PM`.a0`.a1.S1.S2.S3+PM`.ao`.a1.S1.S2`.S3+

0 0 1 0 1 1	0 0 1 0 0 1	0 0 1 1 0 1	0 0 1 0 0 1	0 0 1 1 1 1	0 0 1 1 0 1
11	9	13	9	15	13

+ PM`.a0`.a1.S1.S2.S3` + PM´.a0`.a1.S1. S2`. S3

0 0 1 1 1 0	0 0 1 1 0 0
14	12

$$A- = Y 2 = \sum_6 (9, 11, 12, 13, 14, 15)$$

Trasladando al correspondiente mapa los minitérminos obtenidos, tendremos las expresiones simplificadas que utilizaremos para la realización de los esquemas correspondientes

Mapa para A+ = Y1 (Salida del cilindro)

D.E.F A.B.C	S1`S2´S3` 0 0 0	S1´ S2`S3 0 0 1	S1`S2 S3 0 1 1	S1` S2 S3` 0 1 0	S1 S2 S3` 1 1 0	S1 S2 S3 1 1 1	S1 S2´S3 1 0 1	S1 S2`S3` 1 0 0
0 0 0 PM`a1`a0`	(0)	(1)	(3)	(2)	(6)	(7)	(5)	(4)
0 0 1 PM`a0`a1	(8)	(9)	(11)	(10)	(14)	(15)	(13)	(12)
0 1 1 PM`a0 a1	(24)	(25)	(27)	(26)	(30)	(31)	(29)	(28)
0 1 0 PM`a0 a1`	(16)	(17)	(19)	(18)	(22)	(23)	(21)	(20)
1 1 0 PM a0`a1´	(48)	(49)	1 (51)	1 (50)	1 (54)	1 (55)	1 (53)	1 (52)
1 1 1 PM a0`a1	(56)	(57)	(59)	(58)	(62)	(63)	(61)	(60)
1 0 1 Pm a0 a1	(40)	(41)	(43)	(42)	(46)	(47)	(45)	(44)
1 0 0 PM ao a1`	(32)	(33)	(35)	(34)	(38)	(39)	(37)	(36)

$$A+ = Y1 = PM.a0.a1`.S2 \; + \; PM . a0 . a1`S1 \; = PM . a0 . a1`(S2 + S1)$$

Mapa para A- = Y2 (Entrada del cilindro)

D.E.F A.B.C	S1`S2´S3` 0 0 0	S1´ S2`S3 0 0 1	S1`S2 S3 0 1 1	S1` S2 S3` 0 1 0	S1 S2 S3` 1 1 0	S1 S2 S3 1 1 1	S1 S2´S3 1 0 1	S1 S2`S3` 1 0 0
0 0 0 PM`a1`a0`	(0)	(1)	(3)	(2)	(6)	(7)	(5)	(4)
0 0 1 PM`a0`a1	(8)	1 (9)	1 (11)	(10)	1 (14)	1 (15)	1 (13)	1 (12)
0 1 1 PM`a0 a1	(24)	(25)	(27)	(26)	(30)	(31)	(29)	(28)
0 1 0 PM`a0 a1`	(16)	(17)	(19)	(18)	(22)	(23)	(21)	(20)
1 1 0 PM a0`a1´	(48)	(49)	(51)	(50)	(54)	(55)	(53)	(52)
1 1 1 PM a0`a1	(56)	(57)	(59)	(58)	(62)	(63)	(61)	(60)
1 0 1 Pm a0 a1	(40)	(41)	(43)	(42)	(46)	(47)	(45)	(44)
1 0 0 PM ao a1`	(32)	(33)	(35)	(34)	(38)	(39)	(37)	(36)

$$A- \; = Y2 = PM´.a0.a1`.S3 + \; PM`. a0`. a1.S1 \; = PM`. a0`. a1(S3 + S1)$$

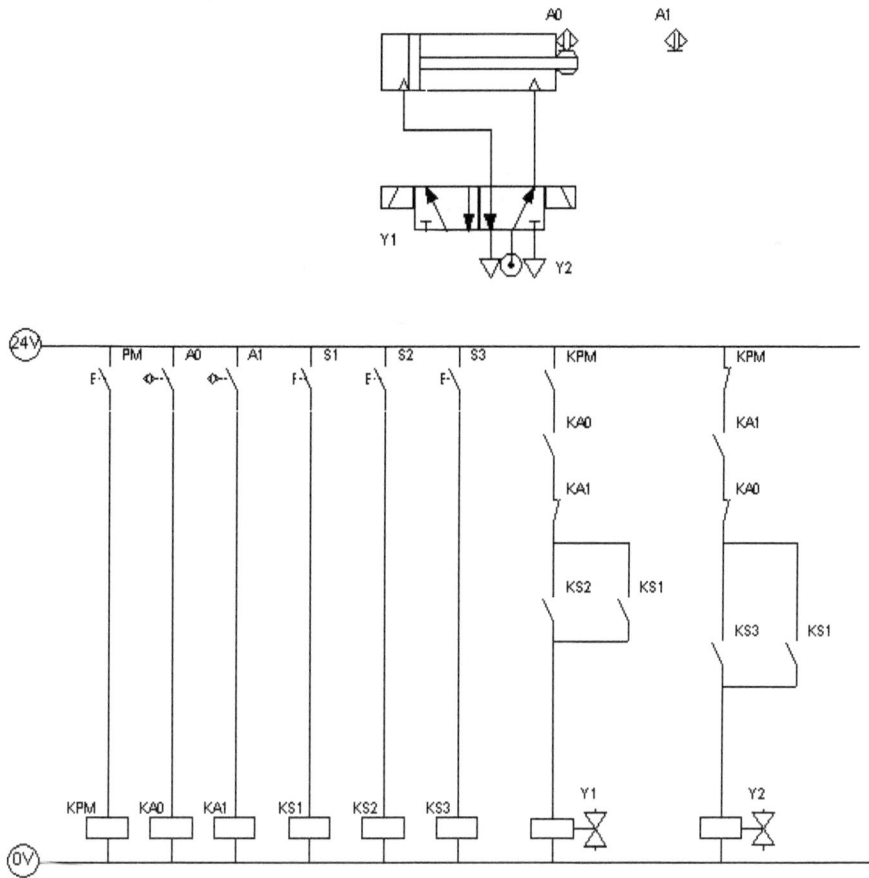

El esquema neumático puro del sistema planteado sería (Ver página siguiente)

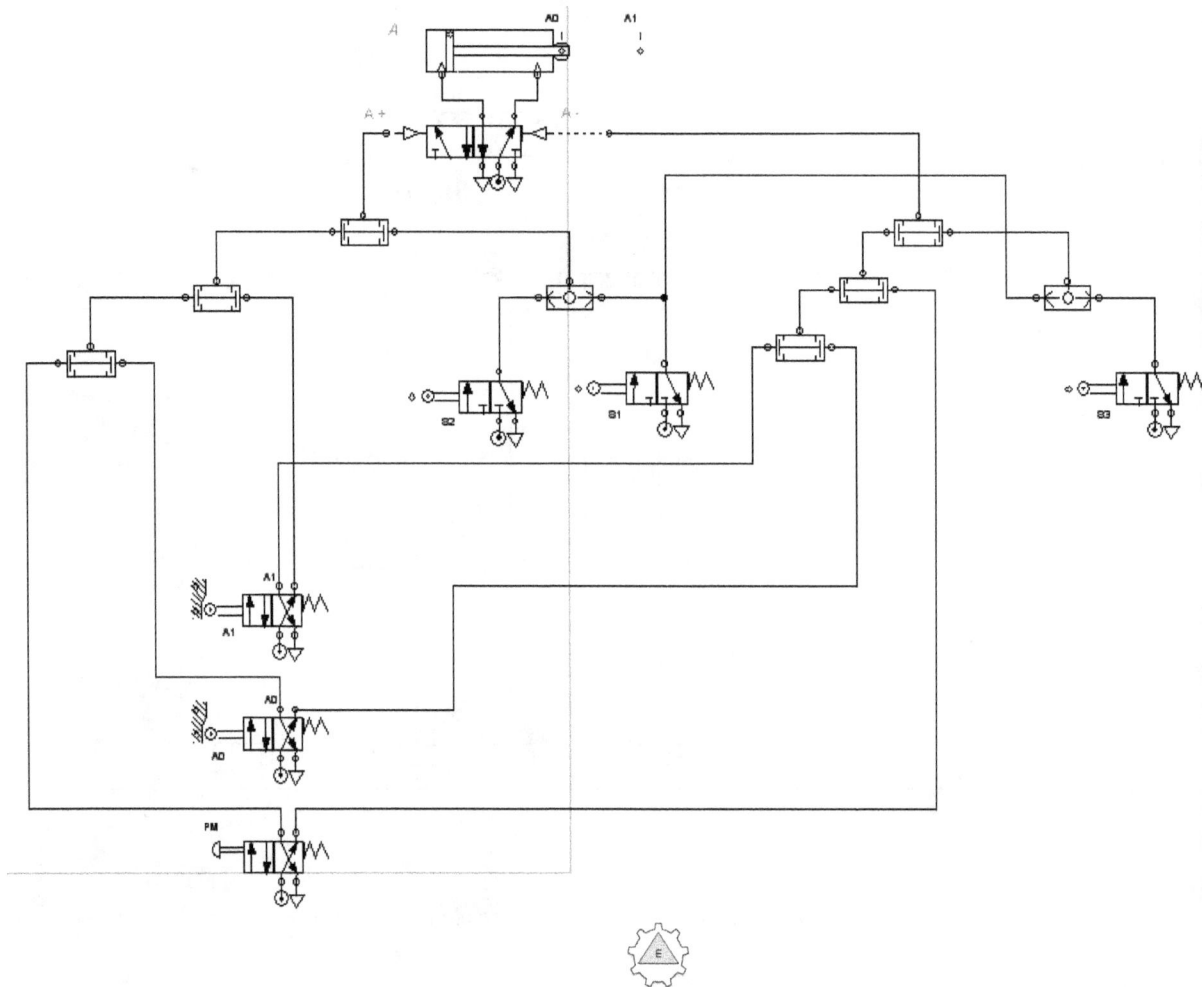

Ejercicio: Considèrese la siguiente función para simplificarla:

$$F (A,B,C,D,E,F) = \sum_{6}(0, 1, 4, 5, 11, 24, 28, 32, 33, 35, 36, 37, 39, 42, 56, 58, 60)$$

D.E.F A.B.C	S1`S2`S3` 0 0 0	S1` S2`S3 0 0 1	S1`S2 S3 0 1 1	S1` S2 S3` 0 1 0	S1 S2 S3` 1 1 0	S1 S2 S3 1 1 1	S1 S2`S3 1 0 1	S1 S2`S3` 1 0 0
0 0 0 PM`a1`a0`	1 (0)	1 (1)	(3)	(2)	(6)	(7)	1 (5)	1 (4)
0 0 1 PM`a0`a1	(8)	(9)	1 (11)	(10)	(14)	(15)	(13)	(12)
0 1 1 PM`a0 a1	1 (24)	(25)	(27)	(26)	(30)	(31)	(29)	1 (28)
0 1 0 PM`a0 a1`	(16)	(17)	(19)	(18)	(22)	(23)	(21)	(20)
1 1 0 PM a0`a1´	(48)	(49)	(51)	(50)	(54)	(55)	(53)	(52)
1 1 1 PMa0`a1	1 (56)	(57)	(59)	1 (58)	(62)	(63)	(61)	1 (60)
1 0 1 Pm a0 a1	(40)	(41)	(43)	1 (42)	(46)	(47)	(45)	(44)
1 0 0 PM ao a1`	1 (32)	1 (33)	1 (35)	(34)	(38)	1 (39)	1 (37)	1 (36)

$$F (A,B,C,D,E,F) = A`B`C D`E F + B C E`F`+ A C D`E F` + A B`C`F + B`C` E$$

Ejercicio : Una señal de alarma se activa cuando se cumple alguna de las situaciones de los seis sensores que la controlan:

1.- Cuando no esté activado el sensor A y si lo estén los sensores C y F

2.- Cuando estén activos los sensores F,E,C y B

Obtener la ecuación de mando del sistema de control correspondiente

Obtención de la forma canónica de la primera condición (A` C F) por la falta de las variables B,D y E

$$A`( B + B`) C (D + D`) (E + E`) = A`B C ( D + D`) (E + E`) F + A`B`C ( D + D`) (E + E`) F =$$

$$= A`B C D ( E + E`)F + A`B C D`(E+E`) F + A`B`C D ( E+E`) F + A`B`C D`( E + E`) =$$

$= A`B C D E F + A`B C D E`F + A`B C D`E F + A`B C D`E`F + A`B`C D E F + A`B`C D E`F + A`B`C D`E F + A`B`C D`E`F$

| $\underbrace{0\ 1\ 1\ 1\ 1\ 1}_{31}$ | $\underbrace{0\ 1\ 1\ 1\ 0\ 1}_{29}$ | $\underbrace{0\ 1\ 1\ 0\ 1\ 1}_{27}$ | $\underbrace{0\ 1\ 1\ 0\ 0\ 1}_{25}$ | $\underbrace{0\ 0\ 1\ 1\ 1\ 1}_{15}$ | $\underbrace{0\ 0\ 1\ 1\ 0\ 1}_{13}$ | $\underbrace{0\ 0\ 1\ 0\ 1\ 1}_{11}$ | $\underbrace{0\ 0\ 1\ 0\ 0\ 1}_{9}$ |

Obtención de la forma canónica de la segunda condición (F E C B) por la falta de las variables A y D

$$(A+ A`) B C ( D + D`) E F = A B C (D + D`) E F + A`B C (D + D`) E F =$$

$$= A B C D E F + A B C D`E F + A`B C D E F + A`B C D`E F$$

| $\underbrace{1\ 1\ 1\ 1\ 1\ 1}_{63}$ | $\underbrace{1\ 1\ 1\ 0\ 1\ 1}_{59}$ | $\underbrace{0\ 1\ 1\ 1\ 1\ 1}_{31}$ | $\underbrace{0\ 1\ 1\ 0\ 1\ 1}_{27}$ |

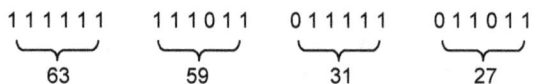

$$\text{Alarma} = F (A,B,C,D,E,F) = \Sigma_6(9, 13, 25, 27, 29, 31, 59, 63, 11, 5)$$

Trasladando al correspondiente mapa los minitérminos obtenidos, tendremos las expresiones simplificadas que utilizaríamos, si fuera el caso, para la realización de los esquemas correspondientes

D.E.F A.B.C	S1`S2`S3` 0 0 0	S1` S2`S3 0 0 1	S1`S2 S3 0 1 1	S1` S2 S3` 0 1 0	S1 S2 S3` 1 1 0	S1 S2 S3 1 1 1	S1 S2`S3 1 0 1	S1 S2`S3` 1 0 0
0 0 0 PM`a1`a0`	(0)	(1)	(3)	(2)	(6)	(7)	(5)	(4)
0 0 1 PM`a0`a1	(8)	1 (9)	1 (11)	(10)	(14)	1 (15)	1 (13)	(12)
0 1 1 PM`a0 a1	(24)	1 (25)	1 (27)	(26)	(30)	1 (31)	1 (29)	(28)
0 1 0 PM`a0 a1`	(16)	(17)	(19)	(18)	(22)	(23)	(21)	(20)
1 1 0 PM a0`a1`	(48)	(49)	(51)	(50)	(54)	(55)	(53)	(52)
1 1 1 PM a0`a1	(56)	(57)	1 (59)	(58)	(62)	(63)	1 (61)	(60)
1 0 1 Pm a0 a1	(40)	(41)	(43)	(42)	(46)	(47)	(45)	(44)
1 0 0 PM ao a1`	(32)	(33)	(35)	(34)	(38)	(39)	(37)	(36)

$$\text{Alarma} = F (A,B,C,D,E,F) = A`C F + B C E F = C F ( A` + B E)$$

Ejercicio propuesto: Simplificar la función:

$$F (A,B,C,D,E,F) = \textstyle\sum_6(2,3,6,7,10,14,18,19,22,23,42,46)$$

1.2.3.- Simplificación por el método Quine-Mccluskey (Tabulado)

El método de simplificación de ecuaciones mediante los mapas de Karnaught es oportuno hasta 4 variables, a partir de 5/6 variables en adelante resulta poco operativo porque depende de la habilidad para detectar/visualizar los agrupamientos.

El método de Quine-McCluskey o tabulado, si bien puede resultar algo monótono, es adecuado cuando aparecen muchas variables, porque es un procedimiento metodológico y sistemático que asegura la obtención de la ecuación simplificada evitando la dependencia de reconocer agrupamientos, de hecho, los programas informáticos para simplificación de funciones están basados en este procedimiento.

No obstante, por lo prolijo de la operatoria, durante su realización pueden cometerse errores en alguna de las sucesivas comparaciones que se realizan.

Las ejemplificaciones que se incluyen, corresponden al ejercicio propuesto al final del apartado anterior f (A,B,C,D,E) = $\textstyle\sum_6$(2,3,6,7,10,14,18,19,22,23,42,46)

Para su ejecución se parte de la lista de minitérminos de la expresión lógica en su forma canónica y tiene las siguientes fases y pasos:

Fase 1. Búsqueda de los primeros implicados

. Emparejamiento de minitérminos que difieran en una sola variable, para obtener un solo término con una variable (literal) menos

(Basándose en que de dos minitérminos que difieran en una sola variable, esta puede eliminarse,   a.b + a`.b =     b ( a + a`) = b . 1 = b n) ,

siendo preciso realizar las siguientes actuaciones:

- Formación de grupos de minitérminos con el mismo número de unos (Índice ó Nivel *), ordenándolos en forma ascendente (De menos a más unos), indicando al lado su equivalente decimal *(Columnas a y b)*

$000000 \quad m_0 \quad 0$

a	b		
INDICE (Nivel)	MINITÉRMINO Cubo "0" (Orden 0)		
0	000000	m_0, 0v	0000
			0000
1	000001	m_1, 1v	X000
	000100	m_4, 4v	
	100000	m_{32}, 32v	0000
			X000
			0000
2	000101	m_5, 5v	X000
	011000	m_{24}, 24v	1000
	100001	m_{33}, 33v	1000
	100100	m_{36}, 36v	
			X0
			0
3	001011	m_{11}, 11 IP6	

* A las sucesivas fases de agrupamiento (columnas), se les denomina de orden o cubo primero, segundo, … y al agrupamiento inicial cubo cero

- Comparación de cada uno de los minitérminos de un grupo/Nivel (*Columna a)* con los del siguiente (*Columna b*), aplicando el concepto antes indicado (Esto es, como los dos minitérminos tienen el mismo valor de bit en todas las posiciones menos en una, esta será la que se elimine) ,

para ir elaborando la columna C

$$m_0 \,(0\,0\,0\,0\,0\,0) + m_1 \,(0\,0\,0\,0\,0\,1) = m_{01} (0\,0\,0\,0\,0\,X)$$

basado en que

$$m0+m1 = A`B`C`D`E`F`+ A`B`C`D``E`F = A`B`C`D`E` \underbrace{(F`+ F)}_{1} = A`B`C`D`E`$$

	c	
	Cubo "1" (Orden 1)	
0)		
	00000X	0-1 (1) √	00C
	000X00	0-4 (4) √	X0C
	X00000	0-32 (32) √	X0C
√	000X01	1-5(4) √	
	X00001	1-33(32) √	X0C
	00010X	4-5(1) √	X0C
	X00100	4-36(32) √	X0C
√	10000X	32-33(1) √	10C
√	100X00	32-36(4) √	
√			
	X00101	5-37(32) √	

. Marcar (√) en la columna b de la tabla los minitérminos que hayan sido combinados

$$m_0, \,0 \,\,√$$

$$m_1, \,1 \,\,√$$

. El término obtenido y su equivalente decimal se anotan en la columna siguiente de la tabla (*Columna c),* colocando un aspa en el lugar de la variable eliminada

$$0\,0\,0\,0\,0\,X \,, \,0\,\text{-}1$$

	d			e	
	Cubo "2" (Orde:			Cubo "3" (Orden 3)	
	000X0X	0-1-4-5 (1		X00X0X	0-1-4-5-32-33-36-37
	X0000X	0-1-32-:			
	X00X00	0-4-32			

. Repetir este proceso con los minitérminos obtenidos (Columnas sucesivas, *d ,e ....)* hasta que no sea posible efectuar nuevos emparejamientos, esto es:

- Proceder de igual forma con los grupos formados en la siguiente columna, conformando, si es el caso, otros términos en una nueva columna hasta que no puedan realizarse emparejamientos.

La comparación entre cada pareja de términos se efectuará únicamente si ambos tienen guiones (Variables eliminadas) en la misma posición.

Durante este proceso se irán obteniendo *ciertos términos que no se han podido comparar* (No tendrán marca de emparejamiento) y que *conforman el conjunto de primeros implicados* (También denominados *implicantes primos, IP*), *cuya suma es una expresión simplificada de la función originaria y que podría no ser la mínima*, en cuyo caso, se procedería como se detalla más adelante

(Fase 2. Determinación de implicantes esenciales y no esenciales)

En el ejemplo que se sigue serían:

De la columna b : m_{11} , 001011 (IP6)

De la columna c: $m_{58\text{-}42}$, 1X1010 (IP4)
$m_{56\text{-}58}$, 1110X0 (IP5)

De la columna d: $m_{24\text{-}28\text{-}56\text{-}60}$, X11X00 (IP2)
$m_{33\text{-}35\text{-}37\text{-}39}$, 100XX1 (IP3)

De la columna e: $m_{0\text{-}1\text{-}4\text{-}5\text{-}32\text{-}36\text{-}33\text{-}37}$, X00X0X (IP1)

			X00101	5-37(32)√	
3	001011	m_{11}, 11 IP6	011X00	24-28(4)√	X1
	011100	m_{28}, 28√	X11000	24-56(32)√	1C
	100011	m_{35}, 35√	1000X1	33-35(2)√	
	100101	m_{37}, 37√	100X01	33-37(4)√	
	101010	m_{42}, 42√	10010X	36-37(1)√	
	111000	m_{56}, 56√			
			X11100	28-60(32)√	
4	100111	m_{39}, 39√	100X11	35-39(4)√	
	111010	m_{58}, 58√	1001X1	37-39(2)√	
	111100	m_{60}, 60√	1X1010	58-42(16)	IP4
			1110X0	56-58(2)	IP5
			111X00	56-60(4)√	

Si como consecuencia del proceso existen emparejamientos repetidos (Se componen de los mismos minitérminos) solo se consideran una vez
Véase el 2º de los ejercicios que se resuelven de este apartado, ocurriendo esta circunstancia en las columnas de niveles 2 y 3, que aparecen tachados.

A modo de comprobación compárese con el oportuno mapa de Karnaught, para apreciar que los embolsamientos se corresponden a los minitérminos de los primeros implicados (IP) obtenidos

IP6 , 0010011, m_{11} IP5, 1110X0, $m_{56\text{-}58}$

Que como se verá mas adelante, es un Implicante primo no esencial, esto es, no necesario y por tanto eliminable

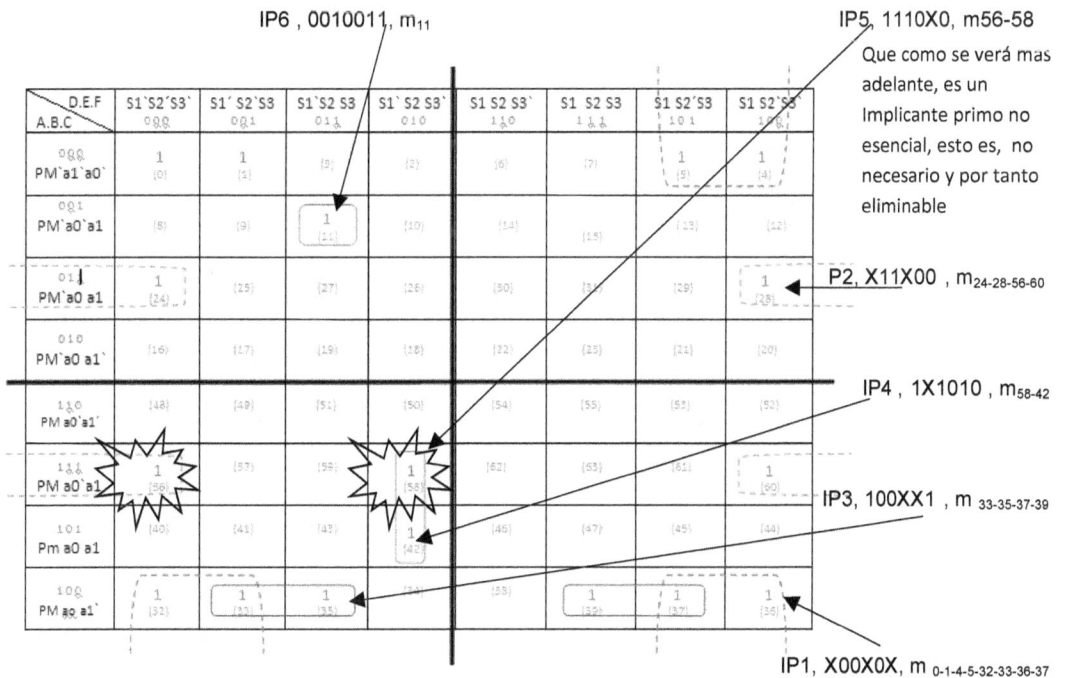

P2, X11X00 , $m_{24\text{-}28\text{-}56\text{-}60}$

IP4 , 1X1010 , $m_{58\text{-}42}$

IP3, 100XX1 , $m_{33\text{-}35\text{-}37\text{-}39}$

IP1, X00X0X, $m_{0\text{-}1\text{-}4\text{-}5\text{-}32\text{-}33\text{-}36\text{-}37}$

$$F(A,B,C,D,E,F) = \underbrace{A`B`C\ D`E\ F}_{IP6} + \underbrace{B\ C\ E`F`}_{IP2} + \underbrace{A\ C\ D`E\ F`}_{IP4} + \underbrace{A\ B`C`F}_{IP3} + \underbrace{B`C`\ E}_{IP1} + \underbrace{A\ B\ C\ D`F´}_{IP5}$$

Para facilitar la operatoria, el proceso se simplifica, si en vez de comparar números binarios, se hace sobre sus equivalentes en decimal (Véase el tercero de los ejercicios resueltos) y sus diferencias de valor, considerando además que:

INDICE (Nivel)	MINITÉRMINO Cubo "0" (Orden 0)	Cubo "1" (Orden 1)	
1	1√	1-3 (2) √	
	2√	1-5 (4) IP4	
2	3√	1-9 (8)√	
	5√	2-3 (1)√	
	9√	2-10 (8)√	
	10√	2-18 (16)√	
	18√		
	20√	3-11 (8)√	
		3-19 (16)√	
		5-21 (16`	
3	11√	∘ ´	
	19√		

-Para poder efectuar el emparejamiento entre términos de dos grupos, la diferencia de valores decimales debe ser una potencia de 2.

También el valor decimal del término del grupo de mayor índice (Nivel) ,situado abajo, debe ser mayor que el del grupo de menor índice (Nivel), situado arriba

-Se compara el valor decimal de los minitérminos de grupos adyacentes, con los criterios de diferencia antes indicados, marcándolos si se realiza su emparejamiento

-Se anota en la columna siguiente, el emparejamiento y entre paréntesis la diferencia de valores decimales , indicando esta además la posición del aspa (Variable eliminada) en la notación binaria

-Se realizan comparaciones entre términos de grupos adyacentes de la nueva columna, de la misma forma pero agrupando solo términos que tengan igual diferencia (Mismo número entre paréntesis)

0)	Cubo "1" (Orden 1)	Cubo "2" (Orden 2)	Cubo "3" (Orden 3)
	1-3 (2) √	1-3-9-11 (2,8) IP2	2-3-10-11-18-19-26-27 (1,8,16) IP1
	1-5 (4) IP4	2-3-10-11 (1,8)√	
	1-9 (8)√	2-10-18-26 (8-16)	
	2-3 (1)√	2-3-18-19 (1,16)√	
	2-10 (8)√		
	2-18 (16)√		

-Se anotan en una nueva columna los emparejamientos conseguidos, en este caso, cuatro números decimales y al lado entre paréntesis las diferencias (dos) del primero con el segundo, ya obtenido anteriormente y con el tercero (Recuérdese que esta también debe ser una potencia de 2).

De nuevo los primeros implicados (Implicantes primos) serán aquellos agrupamientos que han quedado sin marcar

-En la conversión de los números decimales a binarios, se colocan las X (Variables eliminadas) en los lugares indicados por la cifras entre paréntesis

Valor binario

Valor decimal

Agrupamientos sucesivos

a INDICE (Nivel)	b MINITERMINO Cubo "0" (Orden 0)	c Cubo "1" (Orden 1)	d Cubo "2" (Orden 2)	e Cubo "3" (Orden 3)
0	000000 | m_0, 0√	000000X 0-1 (1)√ 000X00 0-4 (4)√ X00000 0-32 (32)√	000X0X 0-1-4-5(1,4)√ X0000X 0-1-32-33(1,32)√ X00X00 0-4-32-36(4,32)√	X00X0X 0-1-4-5-32-33-36-37(1,4,32) **IP1**
1	000001 | m_1, 1√ 000100 | m_4, 4√ 100000 | m_{32}, 32√	000X01 1-5(4)√ X00001 1-33(32)√ 00010X 4-5(1)√ X00100 4-36(32)√ 10000X 32-33(1)√ 100X00 32-36(4)√	X00X01 1-5-33-37 (4,32)√ X0010X 4-36-5-37(32,1)√ 100X01 32-36-33-37(4,1)√	
2	000101 | m_5, 5√ 011000 | m_{24}, 24√ 100001 | m_{33}, 33√ 100100 | m_{36}, 36√	X00101 5-37(32)√ 011X00 24-28(4)√ X11000 24-56(32)√ 1000X1 33-35(2)√ 100X01 33-37(4)√ 10010X 36-37(1)√	X11X00 24-28-56-60 (4,32) **IP2** 100XX1 33-35-37-39(2,4) **IP3**	
3	001011 | m_{11}, 11 **IP6** 011100 | m_{28}, 28√ 100011 | m_{35}, 35√ 100101 | m_{37}, 37√ 101010 | m_{42}, 42√ 111000 | m_{56}, 56√	X11100 28-60(32)√ 100X11 35-39(4)√ 1001X1 37-39(2)√ 1X1010 58-42(16) **IP4** 1110X0 56-58(2) **IP5** 111X00 56-60(4)√		
4	100111 | m_{39}, 39√ 111010 | m_{58}, 58√ 111100 | m_{60}, 60√			

Agrupamiento inicial

Diferencia agrupamiento (V. decimal)

Ejercicio ya realizado por en el apartado anterior: $f(A,B,C,D,E,F) = \sum_8 (0, 1, 4, 5, 11, 24, 28, 32, 33, 35, 36, 37, 39, 42, 56, 58, 60)$

Fase 3. Selección de los primeros implicados (Tabla reductora)

. Partiendo de los primeros implicados (IP) obtenidos anteriormente, realizamos la tabla de selección de implicantes primos, organizada de forma que en las columnas se reflejan los minitérminos de la función y las filas se asignan a los implicantes primos que se establecieron anteriormente (Ordenados desde arriba hacia debajo de mayor a menor orden y reunidos por grupos de IP's con el mismo orden ó cubo) poniendo una marca (√) en las cuadrículas de los minitérminos que intervienen en cada implicante primo.

. Seguidamente se detectan y marcan (Recirculeando) aquellos minitérminos que estén solo cubiertos por un único implicante primo, constituyendo los denominados implicantes primos esenciales (IPE), por ser los que únicamente los cubren

. En la tabla se añade una última fila (Cobertura acumulada) donde se irán registrando (●) los minitérminos cubiertos por los diferente implicantes primos esenciales, de manera que si la cobertura de minitérminos es total, la ecuación mínima será la conformada por los IPE, y si no fuera el caso, por quedar algún minitérmino sin cubrir se irán considerando aquellos implicantes primos complementarios (IPC) necesarios (Marcados con X) hasta conseguir la cobertura total de los minitérminos, teniendo especial cuidado para que sean el menor número posible de ellos

Aquellos implicantes primos no utilizados constituyen el conjunto de los implicantes primos no esenciales y por tanto no aparecerán en la función mínima obtenida

	Minter. IP	0	1	4	5	11	24	28	32	33	35	36	37	39	42	56	58	60	Observaciones
Orden 3	1	√	√	√	√				√	√		√	√						IPE
Orden 2	2						√	√								√		√	IPE
Orden 2	3									√	√		√	√					IPE
Orden 1	4														√		√		IPE
Orden 1	5														√		√		IP no esencial
Orden 0	6					√													IPE
	Cobertura acumulada	●	●	●	●	●	●	●	●	●	●	●	●	●	●	●	●	●	

A la vista de la tabla obtenida la ecuación mínima será:

$$F(A, B, C, D, E, F) = IP1 + IP2 + IP3 + IP4 + IP6$$

$$X00X0X + X11X00 + 100XX1 + 1X1010 + 001011$$

F(A, B, C, D, E, F) = B`C`E`+ B C E`F`+ A B`C`F + A C D`E F`+ A`B`C D`E F

(En el caso de confeccionar la tabla de forma abreviada, como se efectúa en el tercero de los ejercicios resueltos de este apartado (pag 170-171), realizando las comparaciones - diferencias con los valores decimales, la obtención de la codificación binaria de cada uno de los IP seleccionados, se realiza escribiendo la codificación binaria de uno cualquiera de los minitérminos que intervengan en el mismo, colocando marcas (X) de las variables eliminadas en el lugar que indican las cifras entre paréntesis

Ejercicio: Obtener , por el método Quine-Mccluskey (Tabulado) la función mínima del supuesto ya realizado anteriormente (Apartado: Mapa de Karnaught para seis variables)

$$f (A,B,C,D,E, F) = \sum_6 (2,3,6,7,10,14,18,19,22,23,42,46)$$

INDICE (Nivel)	MINITÉRMINO Cubo "0" (Orden 0)	Cubo "1" (Orden 1)	Cubo "2" (Orden 2)	Cubo "3" (Orden 3)
1	000010 2√	00001X 2-3(1)√ 000X10 2-6(4)√ 00X010 2-10(8)√ 0X0010 2-18(16)√	000X1X 2-3-6-7 (1,4)√ 0X001X 2-3-18-19 (1,16)√ 2-6-3-7 (4,1) 00XX10 2-6-10-14 (4-8) 0X0X10 2-6-18-22 (4,16)√ 2-10-6-14(8,4) 2-18-3-19(16,1) 2-18-6-22(16,4) **IP2**	0X0X1X 2-3-6-7-18-19-22-23 (1,4,16) **IP1** 2-3-18-19-6-7-22-23 (1,16,4) 2-6-18-22-3-7-19-23 (4,16,1)
2	000011 3√ 000110 6√ 001010 10√ 010010 18√	000X11 3-7(4)√ 0X0011 3-19(16)√ 00011X 6-7(1)√ 00X110 6-14(8)√ 0X0110 6-22(16)√ 001X10 10-14(4)√ X01010 10-42(32)√ 01001X 18-19(1)√ 010X10 18-22(4)√		
3	000111 7√ 001110 14√ 010110 22√ 101010 42√	0X0111 7-23(16)√ X01110 14-46(32)√ 010X11 19-23(4)√ 010X11 22-23(1)√ 01011X 42-46(4)√	0X0X11 3-7-19-23 (4,16)√ 3-19-2-23(16,4) 0X011X 6-7-22-23 (1,16)√ 6-22-7-23(16,1) X01X10 10-14-42-46(4,32)√ 10-42-14-46(32,4) 010X1X 18-19-22-23(1,4)√ 18-22-19-23(4,1) **IP3**	
4	010111 23√ 101110 16√			

168

Minter. IP	2	3	6	7	10	14	18	19	22	23	42	46	Observaciones
1	√	(√)	√	(√)			(√)	(√)	(√)	(√)			IPE
2	√		√		√	√							IP no esencial
3					√	√					(√)	(√)	IPE
Cobertura acumulada	●	●	●	●	●	●	●	●	●	●	●	●	

A la vista de la tabla obtenida la ecuación mínima será:

$$F(A, B, C, D, E, F) = IP1 + IP3$$

$$0X0X1X + X01X10$$

$$F(A, B, C, D, E, F) = A´C´E + B`C E F´$$

Ejercicio: Obtener , por el método Quine-Mccluskey (Tabulado)   la función mínima de la siguiente función

$$f (A,B,C,D,E) = \sum_5(1,2,3,5,9,10,11,18,19,20,21,23,25,26,27)$$

INDICE (Nivel)	INITÉRMINO Cubo "0" (Orden 0)	Cubo "1" (Orden 1)	Cubo "2" (Orden 2)	Cubo "3" (Orden 3)
1	1√ 2√	1-3 (2) √ 1-5 (4) **IP4** 1-9 (8)√ 2-3 (1)√ 2-10 (8)√ 2-18 (16)√	1-3-9-11 (2,8) **IP2** 2-3-10-11 (1,8)√ 2-10-18-26 (8-16) 2-3-18-19 (1,16)√	2-3-10-11-18-19-26-27 (1,8,16) **IP1**
2	3√ 5√ 9√ 10√ 18√ 20√			
3	11√ 19√ 21√ 25√ 26√	3-11 (8)√ 3-19 (16)√ 5-21 (16) **IP5** 9-11 (2)√ 9-25 (16)√ 10-11 (1)√ 10-26(16)√ 18-19(1)√ 20-21 (1) **IP6**	3-11-19-27 (8, 16) √ 9-11-25-27 (2,16) **IP3** 10-11-26-27(1,16) √ 18-19-26-27(1,8)√	
4	23√ 27√	11-27 (16)√ 19-23 (4) **IP7** 19-27 (8)√ 21-23 (2) **IP8** 25-27 (2)√ 26-27 (1)√		

Minter. IP	1	2	3	5	9	10	11	18	19	20	21	23	25	26	27	Observaciones
1		(√)	√			(√)	√	(√)	√					(√)	√	IPE
2	√		√		√		√									IP no esencial
3						√	√						(√)		√	IPE
4	√			√												IPC
5				√							√					IP no esencial
6									(√)	√						IPE
7									√			√				IP no esencial
8											√	√				IPC
Cobertura acumulada	X	●	●	X	●	●	●	●	●	●	X	●	●	●	●	

A la vista de la tabla obtenida la ecuación mínima será:

$$F(A, B, C, D, E) = IP1 + IP3 + IP6 + IP4 + IP5$$

$$(2)00010 + (9)01001 + (20)10100 + (1)00001 + (21)10101$$

$$XX01X + X10X1 + 1010X + 00X01 + 101X1$$

$$F(A, B, C, D, E) = C\grave{}D + B\ C\grave{}E + A\ B\grave{}C\ D\grave{} + A\grave{}B\grave{}D\grave{}E + A\ B\grave{}C\ E$$

Ejercicio : Obtener por el método tabulado la ecuación lógica que representa el siguiente sistema del funcionamiento de una máquina de mecanizado que puede tener tres situaciones:

I Marcha normal. Si está activado el interruptor de puesta en marcha (B) y no lo están ni el interruptor de liberación total del sistema (A) ni el interruptor de mantenimiento (G).

Además de la situación descrita de los interruptores, se deben dar las siguientes características de funcionalidad en los siguientes sensores:

Que no esté activado el sensor de temperatura (C) , ni el de humedad (D), no existiendo presencia de persona en el recinto interior de máquina detectada por el sensor correspondiente (E) y debiendo estar cerrada la puerta que da acceso a dicho recinto, detectado por el sensor (F)

II Marcha segura de mantenimiento. Al objeto de poder realizar pruebas en pleno proceso de mecanizado, para lo cual deben estar activados el interruptor de puesta en marcha (B) y el de mantenimiento (G), pero no activado el interruptor de liberación total del sistema (A)

Además, no existiendo presencia de persona detectada por el sensor (E) , estando cerrada la puerta detectado por el sensor (F) e independientemente de cómo estén los sensores de temperatura (C) y humedad (D)

III Marcha libre de mantenimiento. Para poder realizar pruebas y puesta a punto fuera del proceso de mecanizado, en cuyo caso deben estar activos los interruptores de puesta en marcha (B), el de liberación total del sistema (A) y el interruptor de mantenimiento (G), independientemente del estado de activación o no del resto de sensores

Todos los interruptores/sensores se implementan como elementos NA

La ecuación lógica obtenida del planteamiento descrito es:

$$Máquina = \underbrace{A`B\,C`D`E`F\,G`}_{I\ Marcha\ normal} + \underbrace{A`B\,E`F\,G}_{II\ Marcha\ segura} + \underbrace{A\,B\,G}_{III\ Marcha\ libre}$$

La ecuación canónica de la expresión es:

Máquina = A`B C`D`E`F G` + A`B C`D`E`F G + A`B C`D E`F G + A`B C D`E`F G + A`B C D E`F G + A B C D`E`F`G` +

0100010	0100011	0101011	0110011	0111011	1110000
34	35	43	51	59	112

A B C D`E`F`G + A B C D`E`F G` + A B C D`E`F G + A B C D`E F G` + A B C D`E F G + A B C D`E F G` + A B C D`E F G +

1110001	1110010	1110001	1110100	1110101	1110110	1110111
113	114	115	116	117	118	119

A B C D E`F`G` + A B C D E`F`G + A B C D E`F G` + A B C D E`F G + A B C D E F`G` + A B C D E F`G +

1111000	111001	1111010	1111011	1111100	1111101
120	121	122	123	124	125

A B C D E F G` + A B C D E F G`

1111110	1111111
126	127

$$Máquina = \sum_{7}(34, 35, 43, 51, 59, 112, 113, 114, 115, 116, 117, 118, 119, 120, 121, 122, 123, 124, 125, 126, 127)$$

INDICE (Nivel)	MINITÉR. Cubo "0"	Cubo "1"	Cubo "2"	Cubo "3"	Cubo "4"
2	34 √	**34-35(1) IP4**			
3	35 √ 112√	35-43 (8)√ 35-51 (16)√ 112-113 (1)√	**35-43-51-59 (8,16) IP2** 112-113-114-115 (1,2))√ 112-113-116-117 (1,4)√	112-113-114-115-116-117-118-119 (1,2,4)√	**112-113-114-115-116-117-118-119-120,121,122,123,124,125,126,127 (1,2,4, 8) IP1**
4	43√ 51√ 113√ 114√ 116√	112-114 (2)√ 112-116 (4)√ 112-120 (8)√	112-113-120-121 (1,8)√ 112-114-116-118 (2,4)√ 112-114-120-122 (2,8)√ 112-116-120-124 (4,8)√	112-113-114-115-120-121-122-123 (1,2,8)√ 112-113-116-117-120-121-124-125 (1,4,8)√ 112-114-116-118-120-122-124-126 (2,4,8)√	
		43-59 (16)√ 51-59 (8)√ 51-115 (64)√			
5	59√ 115√ 117√ 118√ 121√ 122√ 124√	113-115 (2)√ 113-117 (4)√ 113-121 (8)√ 114-115 (1)√ 114-118 (4)√ 114-122 (8)√ 116-117 (1)√ 116-118 (2)√ 116-124 (8)√ 120-121 (1)√ 120-122 (2)√ 120-124 (4)√	**51-59-115-123 (8,64) IP3** 113-115-117-119 (2,4)√ 113-115-121-123 (2,8)√ 113-117-121-125 (4,8)√ 114-115-118-119 (1,4)√ 114-115-122-123 (1,8)√ 114-118-122-126 (4,8)√ 116-117-118-119 (1,2)√ 116-117-124-125 (1,8)√ 116-118-124-126 (2,8)√ 120-121-122-123 (1,2)√ 120-121-124-125 (1,4)√ 120-122-124-126 (2,4)√	116-117-118-119-124-125-126-127 (1,2,8)√ 116-115-118-119-122-123-126-127 (1,4,8) √ 113-115-117-119-121-123-125-127 (2,4,8) √ 120,121,122,123,124,125,126,127 (1,2,4) √	
		59-123 (64)√ 115-119 (4)√			
6	119√ 123√ 125√ 126√	115-123 (8)√ 117-119 (2)√ 117-125 (8)√ 118-119 (1√) 118-126 (8)√ 121-123 (2)√ 121-125 (4)√ 122-123 (1)√ 122-126 (4)√ 124-125 (1)√ 124-126 (2)√	115-119-123-127 (4,8)√ 117-119-125-127 (2,8)√ 118-119-126-127 (1,8)√ 121-123-125-127 (2,4)√ 122-123-126-127 (1,4)√ 124-125-126-127 (1,2)√		
7	127√	119-127 (8)√ 123-127 (4)√ 124-127 (2)√ 126-127 (1)√			

Minter. IP	034	035	043	051	059	112	113	114	115	116	117	118	119	120	121	122	123	124	125	126	127	Observaciones
1						√	√	√	√	√	√	√	√	√	√	√	√	√	√	√	√	IPE
2		√	√	√	√																	IPE
3				√	√					√							√					IP no esencial
4	√	√																				IPE
Cobertura acumulada	●	●	●	●	●	●	●	●	●	●	●	●	●	●	●	●	●	●	●	●	●	

A la vista de la tabla obtenida la ecuación mínima será:

$$F(A, B, C, D, E, F, G) = IP1 + IP2 + IP4$$

$$(112)1110000 + (35)0100011 + (34)0100010$$

$$111XXXX + 01XX011 + 010001X$$

$$F(A, B, C, D, E, F, G) = A\,B\,C + A\grave{}B\,E\grave{}F\,G + A\grave{}B\,C\grave{}D\grave{}E\grave{}F$$

Ejercicio propuesto: Obtener , por el método Quine-Mccluskey (Tabulado) la función mínima de la siguiente expresión:

$$f(A,B,C,D,E,F,G) = \sum_7 (24,25,26,27,34,35,112,113,114,115,120,121,122,123,124)$$

1.2.8.- Condiciones indiferentes

Hasta ahora se ha considerado que para todas las combinaciones de los valores de las variables de entrada existe un valor definido (0 ò 1) A este tipo de funciones se las denomina "funciones completamente especificadas", pero existen funciones en las que puede haber combinaciones de las variables de entrada que, salvo fallo del sistema, nunca se producirán, por ejemplo en un cilindro con finales de carrera retraído (a_0) / extendido (a_1) son posibles las combinaciones indicadas con asterisco en la siguiente tabla de la verdad, pero en un funcionamiento correcto, será imposible que se dé la combinación de la activación simultánea de los dos finales de carrera, o dicho de otra forma es un estado imposible

a_0	a_1	Estado	Observaciones
0	0	*	Cilindro en movimiento/Posición intermedia
0	1	*	Cilindro extendido
1	0	*	Cilindro retraído
1	1	EI	ESTADO IMPOSIBLE

En estas situaciones en las que ciertas combinaciones de las variables de entrada que por razones físico-tecnológicas no ocurrirán nunca, salvo fallo del sistema, no importa el valor de la salida de la función, constituyendo las denominadas condiciones (Estados) indiferentes o imposibles (EI), también llamadas condiciones (Entradas) no importa.

En consecuencia, en la operatoria de los mapas de Karnaugth a esos minitérminos se les puede asignar el valor 0 ò 1 y usarlos (Todos, alguno o ninguno) según convenga en la obtención de agrupamientos si facilitan una mayor simplificación, en otro caso, pueden no usarse si no ayudan a conseguir un mayor agrupamiento, por tanto:

Podemos incluir alguno de los términos de estados indiferentes si ayudan a simplificar la función.

Se suelen representar mediante una X o con las siglas EI / NI

	O	P	R	T	s
0	0	0	0	0	0
1	0	0	0	1	0
2	0	0	1	0	0
3	0	0	1	1	0
4	0	1	0	0	0
5	0	1	0	1	0
6	0	1	1	0	0
7	0	1	1	1	1
8	1	0	0	0	1
9	1	0	0	1	1
10	1	0	1	0	EI
11	1	0	1	1	EI
12	1	1	0	0	EI
13	1	1	0	1	EI
14	1	1	1	0	EI
15	1	1	1	1	EI

R.T O.P	R'T' 0 0	R'T 0 1	R T 1 1	R T' 1 0
0 0 O'P'	0 0	0 1	0 3	0 2
0 1 O'P	0 4	0 5	1 7	0 6
1 1 O P	EI 12	EI 13	EI 15	EI 14
1 0 O P'	1 8	1 9	EI 11	EI 10

A la hora de especificar una función de estas características, se añade al listado de términos relevantes un listado de términos irrelevantes (Condiciones no importa o estados imposibles)

$$f = \sum_n \text{(Términos relevantes)} + \sum_n \underbrace{d \text{ (Términos irrelevantes)}}_{\text{Condiciones no importa}}$$

$$f (w, x, y, z) = \sum_4 (7,8,9) + \sum_4 d (11, 12, 13, 15)$$

	W	X	Y	Z	f
0	0	0	0	0	0
1	0	0	0	1	0
2	0	0	1	0	0
3	0	0	1	1	0
4	0	1	0	0	0
5	0	1	0	1	0
6	0	1	1	0	0
7	0	1	1	1	1
8	1	0	0	0	1
9	1	0	0	1	1
10	1	0	1	0	0
11	1	0	1	1	EI
12	1	1	0	0	EI
13	1	1	0	1	EI
14	1	1	1	0	0
15	1	1	1	1	EI

Y.Z W.X	Y`Z` 0 0	Y`Z 0 1	Y Z 1 1	Y Z` 1 0
0 0 W`X`	0 (0)	0 (1)	0 (3)	0 (2)
0 1 W`X	0 (4)	0 (5)	1 (7)	0 (6)
1 1 W X	EI (12)	EI (13)	EI (15)	1 (14)
1 0 W X`	1 (8)	1 (9)	EI (11)	0 (10)

Cuya simplificación sin considerar los EI sería: $f = W\,X`\,Y` + W`X\,Y\,Z$

y considerando los estados imposibles 12,13 y 15 respectivamente,

que nos ayudan a simplificar la función, tendríamos: $f = W\,Y` + X\,Y\,Z$

En la comprobación (Ver t.v. siguiente), deben considerarse los estados (Combinaciones) 11, 12, 13, 15 como imposibles, esto es , no existirán y por tanto ambas expresiones son equivalentes:

	W	X	Y	Z	W'	X'	Y'	WX'Y'	W'XYZ	WX'Y'+ W'XYZ	WY'	XYZ	WY'+XYZ
0	0	0	0	0	1	1	1						
1	0	0	0	1	1	1	1						
2	0	0	1	0	1	1	0						
3	0	0	1	1	1	1	0						
4	0	1	0	0	1	0	1						
5	0	1	0	1	1	0	1						
6	0	1	1	0	1	0	0						
7	0	1	1	1	1	0	0		1	1		1	1
8	1	0	0	0	0	1	1	1		1	1		1
9	1	0	0	1	0	1	1	1		1	1		1
10	1	0	1	0	0	1	0						
11	1	0	1	1	0	1	0			EI			EI
12	1	1	0	0	0	0	1			EI	1		EI
13	1	1	0	1	0	0	1			EI	1		EI
14	1	1	1	0	0	0	0						
15	1	1	1	1	0	0	0			EI		1	EI

Supóngase (*) que la salida de un cilindro (A) de simple efecto se efectúa cuando se activa un pulsador (P), siempre y cuando dicho cilindro esté totalmente retraído y su retorno se realiza automáticamente al llegar a su final de recorrido.

Además debe activarse una luz durante el movimiento del cilindro

(*) Se considera a efectos didácticos la posibilidad o no de activación simultánea de los dos finales de carrera del cilindro, al objeto de ilustrar el concepto de estado imposible

	P	a_0	a_1	A+	A-	Luz
0	0	0	0	0	0	1
1	0	0	1	0	1	0
2	0	1	0	0	0	0
3	0	1	1	EI	0	0
4	1	0	0	0	0	1
5	1	0	1	0	1	0
6	1	1	0	1	0	0
7	1	1	1	EI	0	0

En consecuencia a la tabla de la verdad, tendríamos:

$$A+ = \sum\nolimits_3 (6) + \sum\nolimits_3 d (7 , 3)$$

Mapa A+

Estudio simple, considerando el estado 7 como 0

P	$a_0 a_1$ 0 0	$a_0·a_1'$ 0 0	$a_0·a_1$ 0 1	$a_0 a_1$ 1 1	$a_0 a_1'$ 1 0
0 P'	0 (0)	0 (1)	EI (3)	0 (2)
1 P	0 (4)	0 (5)	EI (7)	1 (6)

$$A+ = \sum\nolimits_3 (6) = P\, a_0\, a_1$$

y considerando el estado 7 como 1

$$A+ = \sum\nolimits_3 (6, 7) = P\, a_0$$

que si bien esta ecuación se podría haber obtenido directamente por un análisis tradicional del sistema, se ha realizado de esta forma para ilustrar la conveniencia de considerar los estados imposibles a la hora de simplificar funciones

El análisis para el control del receptor Luz, sería:

P $\quad a_0 a_1$	$a_0 \cdot a_1 \cdot$ 0 0	$a_0 \cdot a_1$ 0 1	$a_0 a_1$ 1 1	$a_0 a_1 \cdot$ 1 0
0 $P \cdot$	1 (0)	0 (1)	EI (3)	0 (2)
1 P	1 (4)	0 (5)	EI (7)	0 (6)

Mapa Luz

$$Luz = \Sigma_3 \, (\, 0, 4 \,) + \, \Sigma_3 \, d \, (\, 7, 3 \,)$$

y en este caso, dado que la inclusión de los estados imposibles no facilita la simplificación, tendríamos:

$$Luz = \Sigma_3 \, (\, 0, 4 \,) = a_0 \cdot \, a_1 \cdot$$

El análisis para el control del retorno del cilindro (A-), sería, considerando ya los EI que en este caso si nos convienen:

P $\quad a_0 a_1$	$a_0 \cdot a_1 \cdot$ 0 0	$a_0 \cdot a_1$ 0 1	$a_0 a_1$ 1 1	$a_0 a_1 \cdot$ 1 0
0 $P \cdot$	0 (0)	1 (1)	EI (3)	0 (2)
1 P	0 (4)	1 (5)	EI (7)	0 (6)

Mapa A −

$$A - = \Sigma_3 \, (\, 1, 5 \,) + \, \Sigma_3 \, d \, (\, 7, 3 \,) = a_1$$

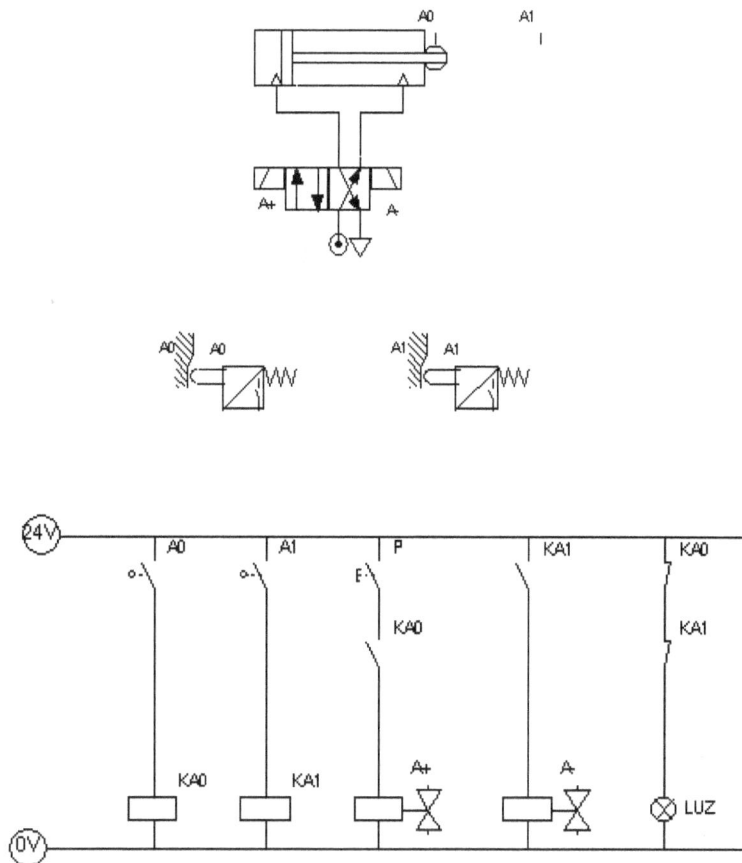

Ejercicio :

El portón de entrada a una nave industrial es movido por un cilindro de doble efecto, estando gobernado por una electroválvula 4/2 biestable.

Las posiciones extremas del cilindro se controlan por sendos finales de carrea (a_0 = Retraido = Abierto , a_1 = Extendido = Cerrado)

El sistema está comandado por un conmutador de tres posiciones con la siguiente funcionalidad:

A = Abrir,   Pos. Central = Neutra (Bloqueo) , C = Cerrar

Si por alguna circunstancia, el portón se encuentra en alguna posición intermedia de su recorrido y no está activado el conmutador de comando, ni en la posición A = Abrir, ni en la B = Cerrar, el portón tiene que abrirse.

Obténgase el esquema electroneumático de mando

	Entradas				Salidas		Observaciones
Comb	A Abrir	C Cerrar	a₀ Abierto	a₁ Cerrado	A+ (Y1) Cerrando	A- (Y2) Abriendo	
0	0	0	0	0	0	1	Portón en posición intermedia. Conmutador en posición de bloqueo. ABRIR
1	0	0	0	1	0	0	Al estar el portón cerrado y no estar activado el conmutador en pos. Abrir, ni en pos Cerrar, no se precisa ninguna acción (Se presupone que la puerta queda inmovilizada
2	0	0	1	0	0	0	Al estar el portón abierto y no estar activado el conmutador en pos. Abrir, ni en pos Cerrar, no se precisa ninguna acción (Se presupone que la puerta queda inmovilizada)
3	0	0	1	1	EI	EI	*Estado imposible no pueden estar activados simultáneamente los dos finales de carrera*
4	0	1	0	0	1	0	Portón en posición intermedia con orden de cerrar. CERRAR
5	0	1	0	1	0	0	Puesto que el portón ya está cerrado, a pesar de tener orden de cerrar no se ejecuta A+ (Cerrando) para preservar al relé/electroválvula de recalentamiento
6	0	1	1	0	1	0	Portón abierto con orden de cerrar. CERRAR
7	1	1	1	1	EI	EI	*Estado imposible no pueden estar activados simultáneamente los dos finales de carrera*
8	1	0	0	0	0	1	Portón en posición intermedia con orden de abrir. ABRIR
9	1	0	0	1	0	1	Portón cerrado con orden de abrir. ABRIR
10	1	0	1	0	0	0	Puesto que el portón ya está abierto, a pesar de tener orden de abrir, no se ejecuta A- (Abriendo) para preservar al relé/electroválvula de recalentamiento
11	1	0	1	1	EI	EI	*Estado imposible no pueden estar activados simultáneamente los dos finales de carrera*
12	1	1	0	0	EI	EI	*Estado imposible, no puede darse simultáneamente las órdenes cerrar/abrir(Conmutador)*
13	1	1	0	1	EI	EI	*Idem*
14	1	1	1	0	EI	EI	*Idem*
15	1	1	1	1	EI	EI	*Idem y además no pueden estar activados simultáneamente los dos finales de carrera*

En consecuencia al análisis realizado, tendremos:

$$A + (Y1) = \sum_4 (4 , 6) + \sum_4 d (3 , 7, 11, 12, 13, 14, 15)$$

$$A - (Y2) = \sum_4 (0 , 8, 9) + \sum_4 d (3 , 7, 11, 12, 13, 14, 15)$$

Cuyos mapas de Karnaught respectivos son:

A+ (Y1) = Cerrando

a_1 / A C \ a_0	$a_0 \cdot a_1 \cdot$ 00	$a_0 \cdot a_1$ 01	$a_0 a_1$ 11	$a_0 a_1 \cdot$ 10
00 A`C`	0	1	3 *El*	2
01 A´C	4 **1**	5	7 *El*	6 **1**
11 A C	12 *El*	13 *El*	15 *El*	14 *El*
10 A C`	8	9	11 *El*	10

$$A+ (Y1) = C \cdot a_1{}^`$$

La puerta deberá cerrarse, si no estando cerrada se pulsa C (Cerrar)

Si no se consideraran los El la función sería: $A+ (Y1) = A` \cdot C \cdot a_1{}^`$

A- (Y2) = Abriendo

a_1 / AC \ a_0	$a_0 \cdot a_1 \cdot$ 00	$a_0 \cdot a_1$ 01	$a_0 a_1$ 11	$a_0 a_1 \cdot$ 10
00 A`C`	0 **1**	1	3 *El*	2
01 A`C	4	5	7 *El*	6
11 A C	12 *El*	13 *El*	15 *El*	14 *El*
10 A C`	8 **1**	9 **1**	11 *El*	10

$$A- (Y2) = A \cdot a_0{}^` + C` \cdot a_0{}^` \cdot a_1{}^` = a_0{}^` ( A + C` \cdot a_1{}^`)$$

La puerta se abrirá si no estando abierta se pulsa A (Abrir) o si estando en posición intermedia no se pulsa C (Cerrar)

Si no se consideraran los El la función sería

$$A- (Y2) = A \cdot C` \cdot a_0{}^` + C` \cdot a_0{}^` \cdot a_1{}^` = C` \cdot a_0{}^` ( A. + a_1{}^`)$$

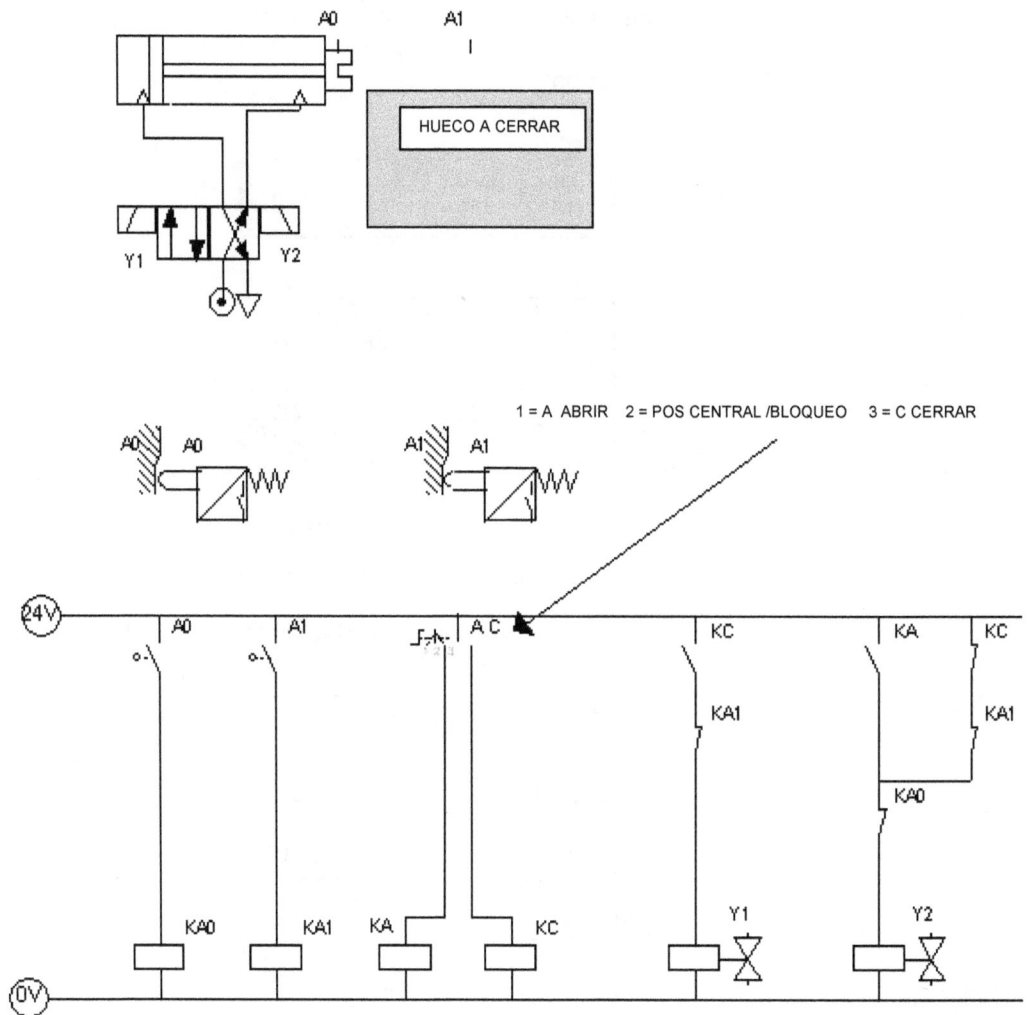

1 = A ABRIR   2 = POS CENTRAL /BLOQUEO   3 = C CERRAR

El esquema si no se consideran estados imposibles sería, (Ver pag. Siguiente) :

A0   A1

HUECO A CERRAR

Y1   Y2

1 = A ABRIR   2 = POS CENTRAL /BLOQUEO   3 = C CERRAR

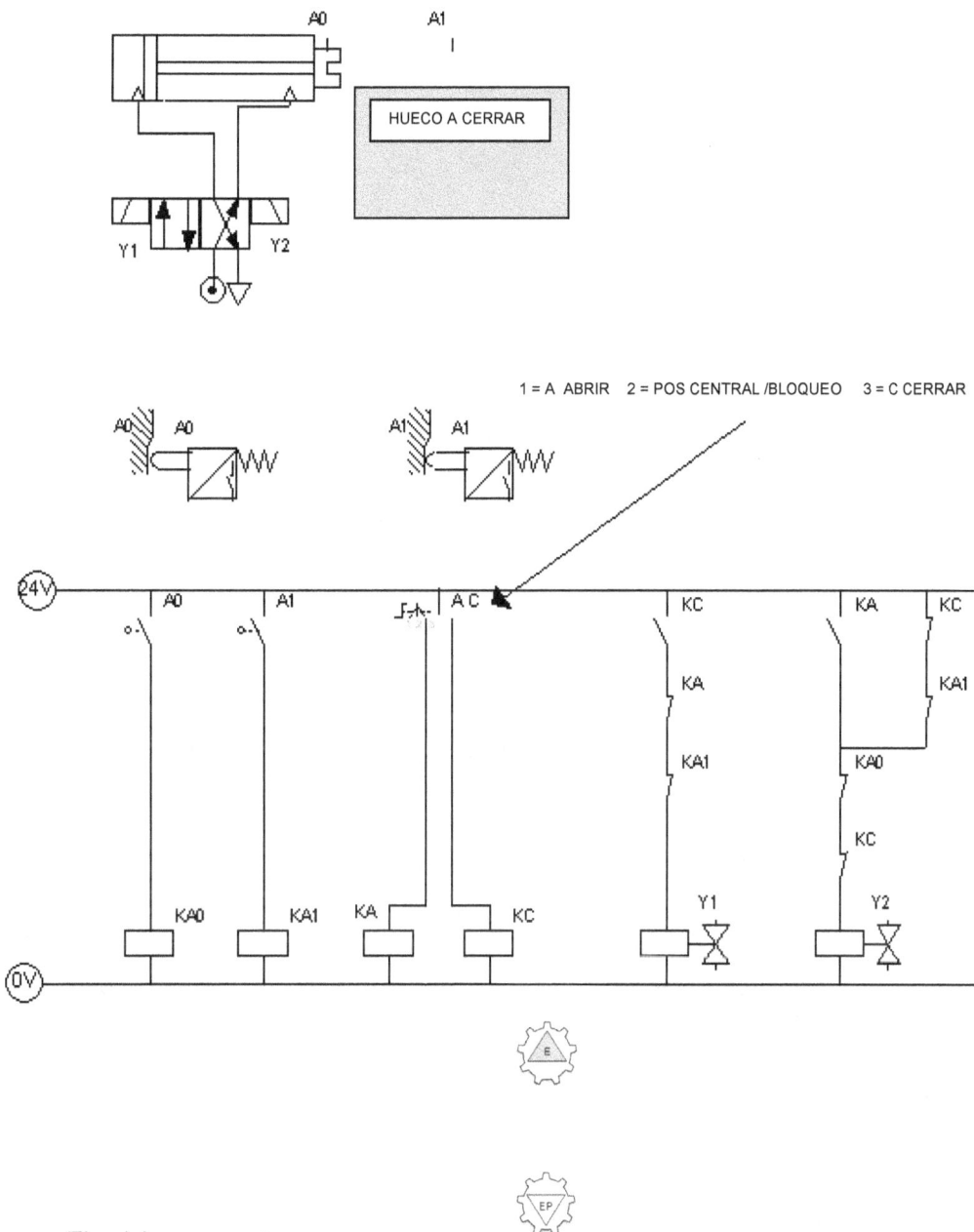

Ejercicio propuesto

El funcionamiento de un montacargas está controlado mediante tres captadores de forma que se pondrá en movimiento si no tiene carga alguna (Ningún captador activado) o bien,   teniendo carga entre 10 y 100 Kg (Captadores A y B activados)

El montacargas no deberá funcionar para cargas menores de 10 Kg., captador A activado (Excluyendo no tener carga, 0 Kg), ni tampoco cuando haya una carga superior a 100 Kg., captador C activado

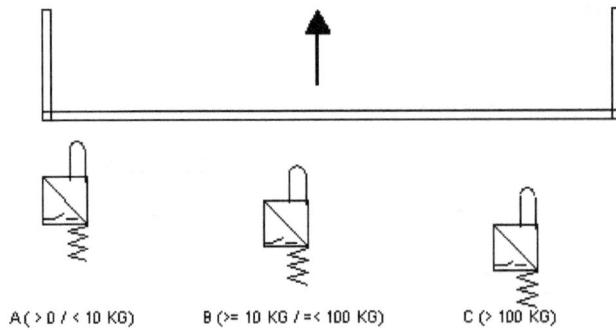

A (> 0 / < 10 KG)   B (>= 10 KG / =< 100 KG)   C (> 100 KG)

El captador A estará activado si lo está el B

Los captadores A y B estarán activados si lo está el C

(No generarán salida en el sistema aquellas combinaciones que contravengan la funcionalidad de los captadores expuesta, lo que implica que si B esta accionado lo estará A y si C está accionado lo estará el B y en consecuencia el A)

1.2.9.- Azares (Indeterminaciones) de funcionamiento

Los cambios de valor de las señales de entrada de un sistema no implican una modificación instantánea en el valor de la señal del mismo, puesto que existe un determinado retardo debido al tiempo que tardan en propagarse las señales, así como al tiempo en la maniobra de conmutación de los elementos binarios.

La importancia y trascendencia de estos tiempos (retardos) estriba en que pueden causar la aparición de funcionamientos transitorios aleatorios, no controlados por el sistema y en consecuencia generadores de valores indeterminados en la salida del sistema que determinarían estados no deseados del sistema   (Si el receptor fuera de respuesta lenta podrían no ocurrir, p.e.: Elementos neumáticos, e hidráulicos)

En términos generales podemos decir que estas indeterminaciones se generan como consecuencia de la coexistencia de dos señales complementarias (X / X`).

Así tenemos que en teoría, la función $F = X + X` = 1$, es verdadera (resultado igual a 1), pero como se ha indicado, debido a retardos en la conmutación y propagación de las señales se puede generar un estado instantáneo indeterminado (transitorio) en el que:

$$F = X + X` = 1$$
$$\downarrow \quad \downarrow$$
$$0 \quad 1$$

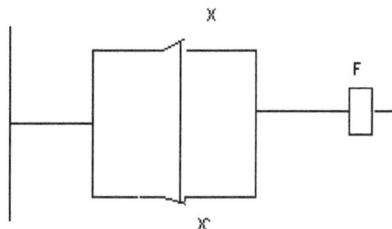

Puede ocurrir que al conmutar la señal X, materializada en el caso de la figura por sendos contactos abierto (X) / cerrado (X`), antes de efectuarse el cierre del contacto abierto (X) podría estar ya abierto el contacto cerrado (X`) y durante ese estado transitorio e instantáneo (Del orden de nonosegundos en elementos electrónicos y milisegundos en elementos eléctricos) se cumpliría que:

$$F = X + X` = 0$$
$$\qquad \downarrow \quad \downarrow$$
$$\qquad 0 \quad 0$$

que generaría una salida indeseada en el sistema

Supongamos el sistema de la figura, donde L = X . Y + X`. Z :

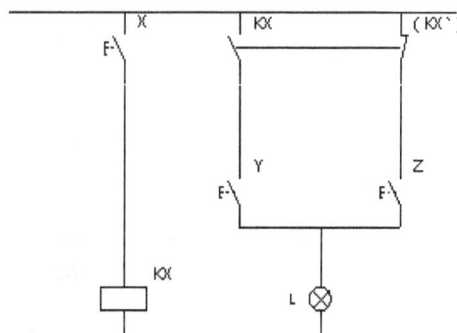

Al activar los interruptores Z e Y, el receptor L estaría activo (Rama de la derecha, X`. Z = 1 ) y teóricamente se pulsáramos el interruptor X, el receptor seguiría activo ( Rama de la izquierda  X . Y = 1 ), pero puede ocurrir como se indicó anteriormente que el contacto cerrado de X ( X`) abra antes de haberse cerrado el contacto abierto de X (X) por lo que durante algún instante el receptor L no estaría activo.

En síntesis, durante un espacio brevísimo de tiempo las dos señales (Directa / Negada) se hacen iguales a cero, originando una respuesta indeseada del sistema :

$$L = KX + KX` = 0$$

$$\downarrow \quad \downarrow$$

$$0 \quad 0$$

En principio existen soluciones tanto tecnológicas como boolianas para eliminar las indeterminaciones. Entre las primeras podemos indicar dispositivos (Sensores, pulsadores..) que cierran primero el contacto abierto y luego abren el cerrado, entre las segundas podemos indicar la de añadir un tercer minitérmino con las variables que no intervengan en la indeterminación de los dos términos que la generan y es esta estrategia la que se desarrolla en el siguiente apartado

1.2.9.1- Detección de azares (Indeterminaciones)

Puede aparecer una indeterminación cuando en una suma de productos (SOP) dos de ellos contengan una misma variable en uno en forma directa y en el otro en forma negada y no están enlazados por un minitérmino común, por ejemplo:

$$F = A . X + B . X`$$

(Aunque trataremos solamente la situación de SOP, en el caso de un producto de suma (POS), ocurre la misma circunstancia , si dos maxitérminos tienen una misma variable en uno en forma directa y en otro en forma negada $F =(A + X) . (B + X`)$

En una expresión booliana en forma de suma de minitérminos (SOP) existirá indeterminación si en uno de sus términos aparece una variable (U´) junto con otras (Y, Z) y en otro minitérmino aparece esa misma variable invertida (U) junto con algunas otras variables distintas de las anteriores (W, X)

Se producirá la indeterminación cuanto las variables que acompañan a la causante de la indeterminación (W,X,Y,X) estén en 1 y aquella cambie de estado (U/U´)

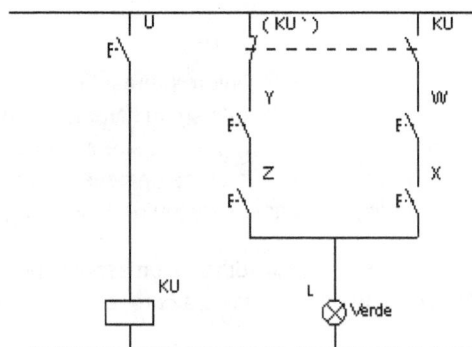

También puede apreciarse la posible existencia de indeterminaciones en los mapas de Karnaught, observando la configuración / disposición de los bucles de agrupamiento de modo tal que si existen bucles que tengan en común algún lado (o parte de los mismos), bien en sentido horizontal o vertical, no enlazados por otro bucle, existirá indeterminación.

Siguiendo con el ejemplo del esquema anterior y obteniendo primero su forma canónica tendremos:

$$L = U`. Y . Z + U . W. X = U`. (W + W`) . ( X + X`) . Y . Z + U . W. X. (Y + Y`) ( Z + Z`) =$$

$$U`. W . ( X + X`) . Y . Z + U`. W`. (X + X`) . Y . Z + U . W. X . Y. ( Z + Z`) + U . W. X . Y`. ( Z + Z`) =$$

$$= U`W X Y Z + U`W X`Y Z + U`W`X Y Z + U`W`X`Y Z + U W X Y Z + U W X Y Z`+ U W X Y`Z + U W X Y`Z` =$$

0 1 1 1 1	0 1 0 1 1	0 0 1 1 1	0 0 0 1 1	1 1 1 1 1	1 1 1 1 0	1 1 1 0 1	1 1 1 0 0
15	11	7	3	31	30	29	28

X.Y.Z U.W	X`Y`Z` 000	X`Y`Z 001	X`Y Z 011	X`Y`Z 010	X Y Z` 110	XYZ 1 1 1	X Y`Z 10 1	X Y`Z` 100
0 0 U`W`	(0)	(1)	1 (3)	(2)	(6)	1 (7)	(5)	(4)
0 1 U`W	(8)	(9)	1 (11)	(10)	(14)	1 (15)	(13)	(12)
1 1 U W	(24)	(25)	(27)	(26)	1 (30)	1 (31)	1 (29)	1 (28)
1 0 U W`	(16)	(17)	(19)	(18)	(22)	(23)	(21)	(20)

Se observa como hay un tramo (★) de los dos bucles común , que es origen de indeterminación

Puesto que la indeterminación se produce en el cambio de estado de la variable generadora de indeterminación, estando el resto de las variables con valor 1, para la eliminación de la indeterminación se añade un término (Bucle) enlazador, conformado por el resto de las variables de los dos términos que contienen la variable generadora de indeterminación, asegurando este nuevo término que en la citada transición estarán en valor 1.

Siguiendo con el ejemplo del punto anterior tendremos:

$$L = U`.Y.Z + U.W.X = U`.Y.Z + U.W.X + W.X`.Y.Z$$

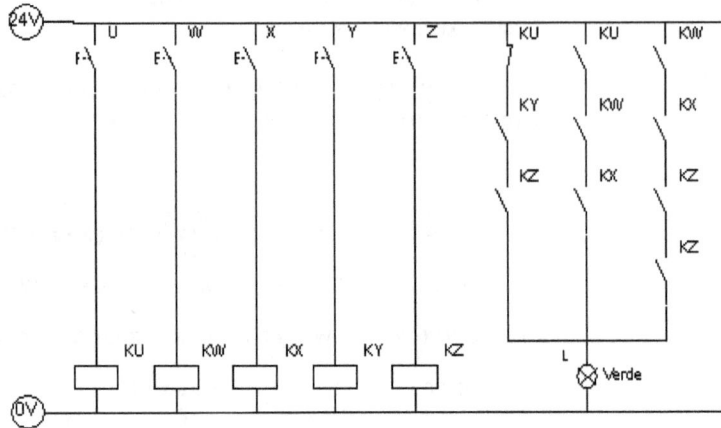

Ese bucle (Término) enlazador, WXYZ, podemos apreciarlo y en consecuencia obtenerlo gráficamente en la tabla de Karnaugth antes elaborada

X.Y.Z U.W	X'Y'Z' 0 0 0	X'Y'Z 0 0 1	X'Y Z 0 1 1	X'Y Z 0 1 0	X Y Z' 1 1 0	XYZ 1 1 1	X Y'Z 1 0 1	X Y'Z' 1 0 0
0 0 U'W'	(0)	(1)	1 (3)	(2)	(6)	1 (7)	(5)	(4)
0 1 U'W	(8)	(9)	1 (11)	(10)	(14)	1 (15)	(13)	(12)
1 1 U W	(24)	(25)	(27)	(26)	1 (30)	1 (31)	1 (29)	1 (28)
1 0 U W'	(16)	(17)	(19)	(18)	(22)	(23)	(21)	(20)

Para confirmar la equivalencia de ambas ecuaciones realizamos la t. v. de las mismas

	U	W	X	Y	Z	U´	U`Y Z	UWX	U`Y Z+ UWX	WXYZ	U`Y Z+ UWX+ WXYZ
0	0	0	0	0	0	1	0	0	0	0	0
1	0	0	0	0	1	1	0	0	0	0	0
2	0	0	0	1	0	1	0	0	0	0	0
3	0	0	0	1	1	1	1	0	1	0	1
4	0	0	1	0	0	1	0	0	0	0	0
5	0	0	1	0	1	1	0	0	0	0	0
6	0	0	1	1	0	1	0	0	0	0	0
7	0	0	1	1	1	1	1	0	1	0	1
8	0	1	0	0	0	1	0	0	0	0	0
9	0	1	0	0	1	1	0	0	0	0	0
10	0	1	0	1	0	1	0	0	0	0	0
11	0	1	0	1	1	1	1	0	1	0	1
12	0	1	1	0	0	1	0	0	0	0	0
13	0	1	1	0	1	1	0	0	0	0	0
14	0	1	1	1	0	1	0	0	0	0	0
15	0	1	1	1	1	1	1	0	1	1	1
16	1	0	0	0	0	0	0	0	0	0	0
17	1	0	0	0	1	0	0	0	0	0	0
18	1	0	0	1	0	0	0	0	0	0	0
19	1	0	0	1	1	0	0	0	0	0	0
20	1	0	1	0	0	0	0	0	0	0	0
21	1	0	1	0	1	0	0	0	0	0	0
22	1	0	1	1	0	0	0	0	0	0	0
23	1	0	1	1	1	0	0	0	0	0	0
24	1	1	0	0	0	0	0	0	0	0	0
25	1	1	0	0	1	0	0	0	0	0	0
26	1	1	0	1	0	0	0	0	0	0	0
27	1	1	0	1	1	0	0	0	0	0	0
28	1	1	1	0	0	0	0	1	1	0	1
29	1	1	1	0	1	0	0	1	1	0	1
30	1	1	1	1	0	0	0	1	1	0	1
31	1	1	1	1	1	0	0	1	1	1	1

De la observación del mapa de Karnaugth, que como vimos en el punto anterior evidencia una indeterminación al existir dos bucles no enlazados con un tramo común, eliminamos la misma añadiendo el bucle enlazador (WXYZ), resultando la expresión obtenida ya anteriormente

$$L = U`.Y.Z + U.W.X = U`.Y.Z + U.W.X + W.X`.Y.Z$$

que como también se aprecia en la t.v. , es equivalente a la original

Seguidamente a modo de completar la práctica de eliminación de indeterminaciones, se someterán a revisión algunos de los ejercicios desarrollados anteriormente:

Ejercicio: En el desarrollo contenido en el apartado "Mapa de Karnaught para tres variables" se dispuso del siguiente mapa

B.C \ A	B'C' 0 0	B'C 0 1	B.C 1 1	B C' 1 0
A' 0	1 0	0 1	1 3	0 2
A 1	1 4	1 5	1 7	0 6

y se obtuvo la siguiente expresión simplificada:

$$S = B`C`+AB´+BC$$

Única señal generadora de indeterminación (En las demás combinaciones aparecen variables diferentes en los pares de términos considerados)

Analizando la expresión se observa que la señal B / B` de los dos últimos minitérminos puede generar indeterminación por lo que debería añadirse un minitérmino que los enlace, conformado por el resto de las variables, esto es, A.C y en consecuencia la ecuación que estaría exenta de azares sería:

$$S = B`C`+AB´+BC + AC$$

B.C \ A	B'C' 0 0	B'C 0 1	B.C 1 1	B C' 1 0
A' 0	1 0	0 1	1 3	0 2
A 1	1 4	1 5	1 7	0 6

I   II

Bucle enlazador AC

Si observamos el mapa, podemos apreciar que hay dos bucles (I y II) no enlazados, correspondientes a los minitérminos A B`y B C que tienen un tramo común ★ , origen de la indeterminación, y que por tanto deben ser enlazados mediante el bucle AC como se indica en la figura.

Por último, se confirma mediante t.v. la equivalencia de la expresión ahora obtenida con la inicialmente propuesta:

	A	B	C	B'	C'	B'C'	A B'	B C	B'C'+AB´+BC	AC	B'C'+AB´+BC+AC
0	0	0	0	1	1	1	0	0	1	0	1
1	0	0	0	1	0	0	0	0	0	0	0
2	0	0	0	0	1	0	0	0	0	0	0
3	0	0	0	0	0	0	1	1	1	0	1
4	0	0	1	1	1	1	1	0	1	0	1
5	0	0	1	1	0	0	0	0	1	1	1
6	0	0	1	0	1	0	0	0	0	0	0
7	0	0	1	0	0	0	1	1	1	1	1

Ejercicio : Verificar la existencia de indeterminaciones en el ejercicio propuesto anteriormente en el apartado "Mapa de Karnaught para cinco variables" y si fuera el caso,   añadir los bucles (minitérminos) precisos para su eliminación

$$f\,(v, w, x, y, z\,) = \sum_5(0, 3, 7, 10, 13, 14, 19, 24, 26, 27\,)$$

Efectuando una doble revisión en paralelo, de la expresión por un lado así como del mapa de Karnaught por otro, se aprecia que existen dos puntos de indeterminación generados por la variable z / z` en los bucles  ( V / VI ) VXY´Z/VWX`Z`, que observando el mapa corresponde al tramo común señalado con  ★ . También existe indeterminación,  generada por la variable V`/ V en los bucles (IV/VI) V`WYZ`/VWX`Z`, lo que implica la necesidad de añadir respectivamente los minitérminos VWX`Y y WX`YZ` como también se señala en el mapa.

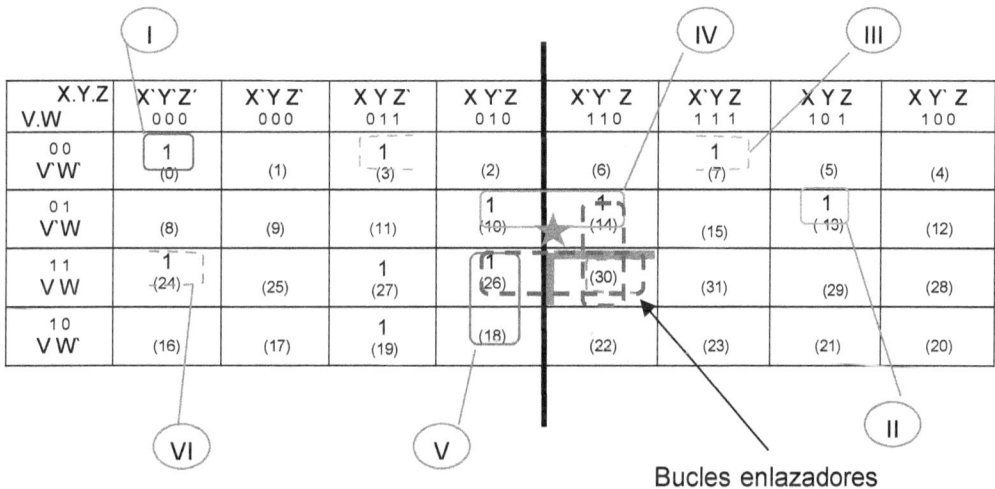

X.Y.Z V.W	X`Y`Z` 0 0 0	X`Y Z` 0 0 0	X Y Z` 0 1 1	X Y`Z 0 1 0	X`Y`Z 1 1 0	X`Y Z 1 1 1	X Y Z 1 0 1	X Y`Z 1 0 0
0 0 V`W`	1 (0)	(1)	1 (3)	(2)	(6)	1 (7)	(5)	(4)
0 1 V`W	(8)	(9)	(11)	1 (10)	1 (14)	(15)	1 (13)	(12)
1 1 V W	1 (24)	(25)	1 (27)	1 (26)	(30)	(31)	(29)	(28)
1 0 V W`	(16)	(17)	1 (19)	(18)	(22)	(23)	(21)	(20)

I · IV · III · VI · V · II

Bucles enlazadores

estableciéndose que la función exenta de indeterminaciones sería

$$f(v,w,x,y,z) = \underbrace{V`W`X`Y`Z`}_{I} + \underbrace{V`W\,XY`Z}_{II} + \underbrace{V`W`YZ}_{III} + \underbrace{V`WYZ`}_{IV} + \underbrace{VX`YZ}_{V} + \underbrace{VWX`Y + WX`YZ`}_{\text{Bucles enlazadores}}$$

Ejercicio: Diseñar un circuito electroneumático asegurando la ausencia de indeterminaciones, para controlar un cilindro de simple efecto (A) comandado por una electroválvula 3/2 monoestable cuyo movimiento de salida está gobernado por dos pulsadores (P1 y P2) y dos sensores (S1 y S2) , debiendo ir a su posición de extendido (salir) si se cumple alguna de las siguientes condiciones:

a) No estando activado el pulsador P1 ni el pulsador P2, se cumplan alguna de las opciones que se indican seguidamente: Que estén activos simultáneamente los sensores S1 y S2, o bien este activo solo el sensor S1 o el sensor S2

b) No estando activado P1 y estando activo el pulsador P2, ocurran para los sensores S1/S2 las circunstancias descritas en la condición anterior

c) Estando activado el pulsador P1 y no estando activado el pulsador P2, ocurran las circunstancias descritas anteriormente para los sensores S1 y S2

d) Que estando activados los pulsadores P1 y P2 y activado el sensor S1, no lo esté el sensor S2

Obtención de la ecuación lógica a tenor de las condiciones de funcionalidad establecidas.

De las diferentes condiciones del enunciado se desprende que:

a)   P1'P2' (S1 S2 + S1 S2' + S1' S2)
b)   P1'P2 (S1 S2 + S1 S2' + S1' S2)
c)   P1P2' (S1 S2 + S1 S2' + S1' S2)
d)   P1 P2 S1 S2'

A+ = P1'P2' (S1 S2 + S1 S2' + S1' S2) + P1'P2 (S1 S2 + S1 S2' + S1' S2) + P1P2' (S1 S2 + S1 S2' + S1' S2) + P1 P2 S1 S2'

y operando los paréntesis, tendríamos:

A+ = P1` P2` S1 S2 + P1` P2` S1` S2 +  P1` P2` S1 S2` +   P1` P2 S1 S2 + P1` P2 S1` S2 +  P1` P2 S1 S2` +  P1 P2`S1 S2 +

0 0 1 1	0 0 0 1	0 0 1 1	0 1 1 1	0 1 0 1	0 1 1 0	1 0 1 1
3	1	2	7	5	6	11

$$+ \text{P1 P2´S1´S2} + \text{P1 P2´ S1 S2´} + \text{P1 P2 S1 S2´}$$

| 1 | 0 | 0 | 1 | 1 | 0 | 1 | 0 | 1 | 1 | 1 | 0 |

$$9 \qquad\qquad 10 \qquad\qquad 14$$

Elaboramos el correspondiente mapa de Karnaught para obtener la ecuación optimizada:

S1.S2 P1.P2	S1´S2´ 0 0	S1´S2 0 1	S1 S2 1 1	S1 S2´ 1 0
0 0 P1´P2´	0 (0)	1 (1)	1 (3)	1 (2)
0 1 P1´P2	0 (4)	1 (5)	1 (7)	1 (6)
1 1 P1 P2	0 (12)	0 (13)	0 (15)	1 (14)
1 0 P1 P2´	0 (8)	1 (9)	1 (11)	1 (10)

II   III   I

Variable S2, generadora   indeterminación

$$A+ = \text{P2´S2} + \text{P1´S2} + \text{S1 S2´}$$
$$\quad\ \ \text{I} \qquad\quad \text{II} \qquad\quad \text{III}$$

Analizando la ecuación y/o observando el mapa, apreciamos la existencia de indeterminación en la variable S2

    Variable indeterminadora: S2´/ S2
    Bucles enlazadores: P2´S1 y P1´S1
    Minitérminos: III / I – II

que se corresponden a los tramos comunes señalados en el mapa con ★ y ★★ respectivamente

Bucle enlazador P1´S1

S1.S2 P1.P2	S1 S2´ 0 0	S1 S2 0 1	S1 S2 1 1	S1 S2 1 0
0 0 P1´P2´	0 (0)	1 (1)	1 (3)	1 (2)
0 1 P1´P2	0 (4)	1 (5)	1 (7)	1 (6)
1 1 P1 P2	0 (12)	0 (13)	0 (15)	1 (14)
1 0 P1 P2´	0 (8)	1 (9)	1 (11)	1 (10)

II   III   I

★★

Bucle enlazador P2´S1

Con lo que la ecuación definitiva, libre de indeterminaciones sería:

$$A+ = P2`S2 + P1´S2 + S1\ S2` + P2`S1 + P1`S1$$

Reagrupando, quedaría:

$$A+ = P2`(S2 + S1) + P1`(S2 + S1) + S1.S2`$$

y partiendo de la misma, obtendríamos el correspondiente circuito electroneumático

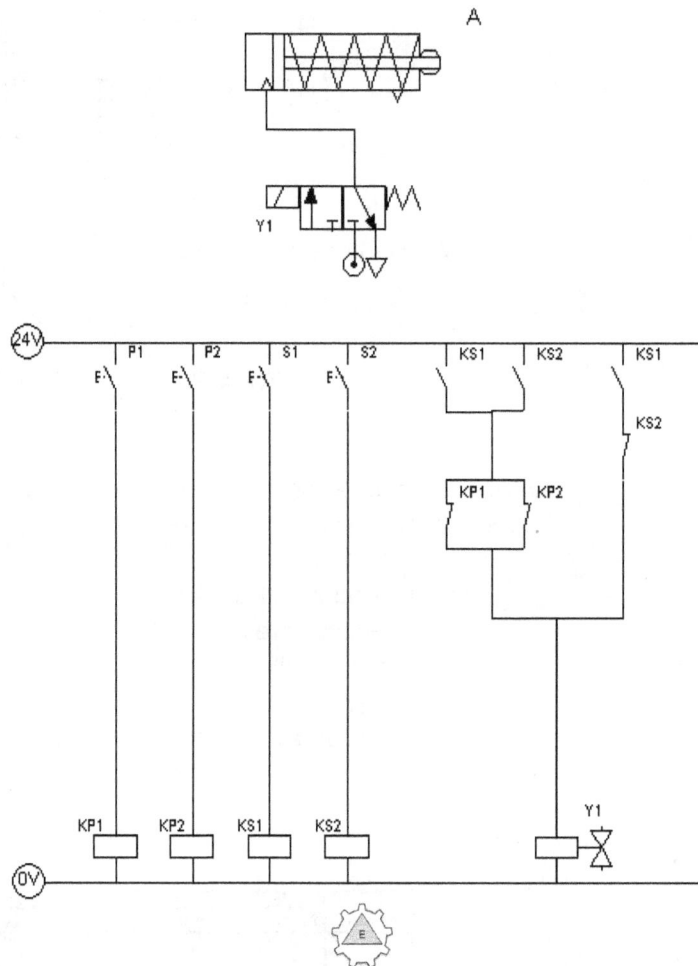

Ejercicio propuesto : Verificar la existencia de indeterminaciones en el ejercicio propuesto anteriormente en el apartado "Mapa de Karnaught para cinco variables" y si fuera el caso añadir los bucles (minitérminos) precisos para su eliminación

$$F (V, W, X, Y, Z) = \sum 5 (0, 3, 7, 10, 13, 14, 19, 24, 26, 27)$$

Ejercicio propuesto : Verificar la existencia de indeterminaciones en la siguiente ecuación de mando

$$F (A,B,C,D,E,F) = \ B`C \ E \ F` + \ A`C` \ E$$

y si fuera el caso añadir los bucles (minitérminos) precisos para su eliminación

BIBLIOGRAFÍA

- Análisis y Diseño de Circuitos Lógicos Digitales (1ª Edic.)
  V.P. Nelson y otros
  Pearson Prentice Hall

- Diseño Lógico Digital (1ª Edic.)
  N. Balabanian
  CECSA

- Fundamentos de Sistemas Digitales (7ª Edic.)
  T.L. Floyd
  Pearson Prentice Hall

- Introducción a los automatismos (2003)
  JMGO

- Lógica Digital y Diseño de Computadores
  M. Morris
  Prentice Hall

- Neumática Industrial (1ª Edic.)
  J. Pelaez y E. García Maté
  CIE Dossat 2000

- Sistemas Digitales. Trasparencias Ingeniería Técnica Informática (Curso 2006/07)
  O.J. Santana
  Universidad de las Palmas

- Sistemas Neumáticos. Principios y Mantenimiento
  S.R. Majumdar
  McGrawHill